教育部人文社会科学研究规划基金项目资助
（项目名称“日本环境设计史研究”，批准号：17YJA760065）

日本环境设计史

下　近现代的环境设计

许 浩　著

南京大学出版社

自序

本书是教育部人文社会科学研究规划基金项目资助(项目名称“日本环境设计史研究”,批准号:17YJA760065)的研究成果。环境设计涉及园林、街区和城市营造、区域规划等内容。环境设计是否合理、美观,将影响到文化传承和可持续发展。本书梳理了日本环境设计的历程与体系。日本在近代之前,其造园和都城营造均受到中国文化的影响,同时也体现出其自身特点。近代以来由于受到欧美规划设计思潮与理论的影响,其环境设计反映出多种文化影响的复合特征。日本与中国的人居环境有相似之处,城市历史悠久、文化底蕴深厚,且人多地少、环境压力较大,老龄社会问题凸显。日本在20世纪下半期已经结束快速城市化时期,环境设计的综合性作用受到重视。本书聚焦于日本环境设计史的梳理,通过历史脉络和案例分析展现日本环境设计的特征。

1999年我在筑波大学留学期间,即已萌生了写作本书的想法。资料整理前后断断续续历时十八年,期间多次前往现场考察、拍照,并收集了大量的造园、规划等史料。本书分为上、下两册,在结构上借鉴了通史与专题史相结合的手法,并注重对图像史料的应用。上册以古代、中世、近世的历史演变为主轴,分别从造园、寺院、住宅角度进行梳理和阐述；下册从城市空间、公园绿地和区域规划角度重点探讨近现代的环境设计，并对东京、筑波、横滨的案例进行了详细分析和评述。环境设计涉及城市、造园、建筑等不同的学科知识，本书尝试从历史、系统论角度提炼日本环境设计的特征，进而为我国的人居环境营造提供借鉴意义。这也是本书写作的主要出发点与意义之所在。

许　浩

2019年6月

目录

第一章　近现代日本城乡空间规划的发展

第二章　公园绿地系统的发展史

第三章　区域规划与设计历史

第四章　城市空间环境设计案例

第五章　分析与总结

图版目录

第一章　近现代日本城乡空间规划的发展

第二章 公园绿地系统的发展史

第三章 区域规划与设计历史

第四章 城市空间环境设计案例

第一章　近现代日本城乡空间规划的发展

第一节　近现代社会经济发展

经过倒幕战争，德川幕府将政权交还明治天皇。明治政府以东京（原江户）为首都，实施维新政策，从西方先进国家引入先进的城市、经济制度，推进工业化，并废除幕藩割据体制，建立中央集权国家。1879年吞并琉球群岛，改为冲绳县。日俄战争后，出现了三井、三菱、住友等垄断性财阀。日本从封建国家发展成为近代资本主义国家，进而又发展成为帝国主义国家。

1912年，明治天皇去世，大正天皇即位。由于社会矛盾激化，爆发护宪运动（大正民主运动），出现政党政治。1923年，关东大地震对东京及附近县市破坏严重，政府开始检讨城市防灾功能。1926年，大正天皇去世，昭和天皇即位。日本国内爆发金融经济危机，走上侵略扩张的道路。1932年在东北进行殖民统治，扶持伪满洲国。1940年发动“新体制运动”，解散政党，建立法西斯统治。1945年日本战败。第二次世界大战不仅给亚洲人民带来深重灾难，日本国内城市与重工业设施基本被摧毁，社会经济濒临崩溃。

1945至1955年，日本经济迅速复苏，并进行了社会、经济的民主化改革。1949年基本稳定了通货膨胀，1953年接近战前水平。20世纪50年代—70年代是日本经济高速发展时期。1950年朝鲜战争爆发，日本成为美国的军需供应基地，出口大幅度增加，工业增长很快。1951年，日本经济恢复到战前水平，政府投入大量资金进行基础设施建设，大力发展重型制造工业和化学工业，大力发展出口贸易。

1955年开始日本经济进入高速成长期。1955—1957年，日本进入战后第一个经济繁荣期，被称为“神武景气”。1959年，日本进入“岩户景气”期，大量生产汽车、电视及半导体收音机等家用电器。1960年，池田内阁启动“国民收入倍增计划”，推行经济高速成长政策，推进贸易自由化，确立开放型经济体制，产业结构不断改善。1965年开始民间基础设施和设备投资活跃，技术革新提高企业竞争力和生产效率。越南战争中美国对日的物资需求迅速增加，刺激了日本出口的发展。1960年代末期，日本成为仅次于美国的经济大国。

1955年至1973年，国民生产总值(GDP)增加了12.5倍，人均国民收入年均增长9.8%，经济能量仅次于美国。[①]1974年开始，受两次石油危机的打击，日本被迫加快产业结构的重组和调整，重化工结构转向知识密集型产品结构。提出“技术立国”方针，大力发展科学技术和制造业，出现了一批国际交流中心、旅游型城市。1989年，平成天皇即位，称为平成时代。1992年，日本泡沫经济破灭，出现经济危机，维持多年的高速增长期结束。

明治维新后，日本废藩置县，实施府县两级制。设置东京、大阪、京都3府，由中央政府直接管辖，其他设置72县。1888年颁布法规，全国合并为3府43县。1943年，东京府改为东京都。战后经济高速发展，城市化发展迅速，建制城市增多。

---

① 坂本太郎：《日本史》，汪向荣等译，北京：中国社会科学出版社，2008年，第488页。

第二节　城市空间规划设计

一　近代城市改造的背景

19世纪中后叶，幕府统治走到了尽头。讨幕派发动了武装倒幕，推翻德川幕府统治。1868年，日本天皇下诏改江户为东京，改年号为明治，1869年将都城迁往东京。1871年，明治政府实施“废藩置县”政策，将日本划分为3府72县，建立中央集权式的政治体制，推行维新政策，向西方先进国家学习大量先进的知识和技术，极大地促进了本国生产力的发展。

由于城市化的发展，人口继续向城市集中。东京的人口和产业规模增长很快，原来的城市构造和容量已经不能适应社会和经济的发展。由于人口密度大、交通拥挤、居住条件差、建筑物大多数为木造建筑，极易发生火灾。1872年，东京的丸之内、京桥、银座、筑地发生大火，烧坏34町共2 926户房屋。大火以后，为了增强城市耐火性，开始在银座拓宽道路，对建筑物进行改造。①

二　早期城市改造设计

1.银座街区改造

银座街区改造是日本最早的近代城市规划与改造项目，由大藏省雇佣的英国人托马斯·吉姆·沃特(Thomas James Waters)负责规划设计。托马斯·吉姆·沃特总结了“砖石建筑方法”作为建筑改造的基准，同时确定根据道路等级区分沿街建筑高度。道路分为三个等级，一级

① 石田頼房:『日本近代都市計画の百年』,東京:自治体研究社,1987年,第33頁。

道路宽幅18—27米，二级道路宽幅约14米，三级道路宽幅约5米。道路中央为车行道，两侧设置步行道，种植行道树，统一建筑高度和样式，并配置了煤气照明灯。

1877年5月，银座街区改造项目基本完成。最终建筑砖石化改造率达到51%，提高了防火和耐火能力。道路经过整治，在宽度、人车分离、照明、绿化等方面达到了近代城市的标准，道路景观焕然一新，促进银座地区迅速发展成为东京乃至日本的商业中心。[①]（图1-1）

图1-1 改造完成后的银座
（图片来源：『東京の都市計画百年』）

2.官厅集中规划

银座街区改造后，大藏省开始对中央政府机构进行统一规划和集中建设。为此组织临时建设局，由井上熏出任总裁，并从德国雇佣荷曼·恩德（Hermann Ende）和威海姆·贝克曼（Whihelm Bockmann）负责规划设计。1886年形成了日比谷官厅集中规划。该方案范围涉及银座、日比谷、霞关地区，除了官厅建筑的规划设计以外，还综合考虑了中央车站、国会议事堂、皇居等重要建筑物的配置。中央车站前，是圆形的巨大广场，外接天皇大道、皇后大道，形成三角形，其顶点配置纪念碑。国会议事堂前面延伸出欧洲大道，直达滨离宫。总体来看，该方案采用的直线形林荫道路、广场、公园、焦点纪念碑等要素，深受欧

① 東京都都市計画局：『東京の都市計画百年』，東京：都政情報センター管理部事業課，1989年，第6頁。

洲古典主义城市设计思想的影响。[①](图1-2A,图1-2B)

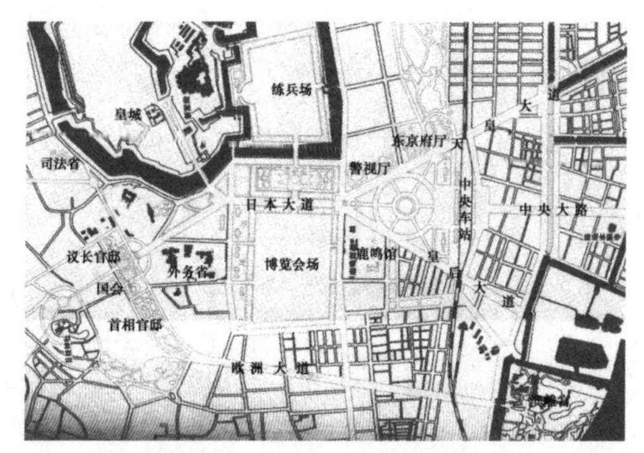

图1-2A 官厅集中规划
(图片来源:『東京の都市計画百年』,经作者改绘)

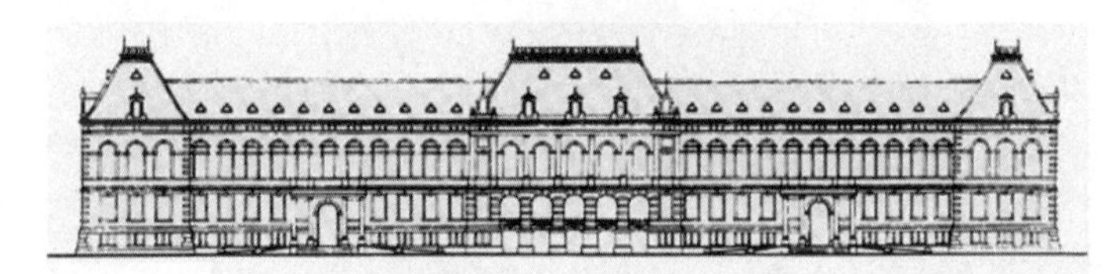

图1-2B 司法省建筑立面
(图片来源:『東京の都市計画百年』)

3.东京市区改正规划

1919年日本《都市计画法》颁布之前,城市规划称为“市区改正”。1884年,东京知事(相当于东京市市长)芳川显正向内务府提交了《东京市区改正意见书》,提出了东京的城市道路规划方案。内务大臣批准了该意见书,并成立了指导城市改造机构——“市区改正审查会”,由芳川显正任委员长。1885年,市区改正审查会提出新的规划方案,在原来道路规划的基础上,增加了街区改造,公园、商场设施、上下水道和港口建设等内容,意图将东京建设成为近代城市。1888年,在东京“市区改正审查会”的促成下,东京府颁布了《东京市区改正条例》。

---

① 東京都都市計画局:『東京の都市計画百年』,東京:都政情報センター管理部事業課,1989年,第11頁。

此后，东京的市区改正几经变化。1903年，市区改正委员会确定了最终规划方案，其特点为以皇居和日本桥大道等主要道路建设为中心，积极铺设、利用轨道交通。1914年，城市改造阶段性完成，奠定了东京的近代城市基础结构，完成了从封建历史城市向近代工业城市的转变。（图1–3）

图1–3 东京市区改正想象图
（图片来源：『東京の都市計画百年』）

随着日本近代工业的发展，产业和人口不仅向东京集中，其他的大城市大阪、名古屋、神户、横滨和京都也一样出现了规模急剧扩大的现象。按照西方的城市制度，对城市进行统一规划，有计划地发展产业、人口，改造城市构造的呼声也逐渐升高。在这种状况下，1918年之后，“东京市区改正条例”被推广到大阪、名古屋、京都等其他大城市，日本开始了大规模的城市改造。

4.居留地规划

1858年，江户幕府与美国、俄国、英国、法国、荷兰缔结安政五国通商条约，第二年开通了横滨、长崎、函馆、神户、新潟五处港口作为贸易口岸。其中，横滨、长崎、函馆、神户专门设置了外国人居留地。居留地内，外国人享有居住、工作、领事裁判等特权。此后，在东京、大阪也设置了外国人居留地。

横滨居留地建于1859年,是幕府建造的最早的外国人居留地。中心为英国码头和幕府的行政机构设施,西侧为日本商店,东侧为各国商人会馆,里面还有中国人聚居地。1866年横滨大火后,英国工程师布朗顿(R.H.Bruton)进行了新的城市设计,设置了具有防火带的林荫大道、欧式横滨公园、下水道系统,对道路进行了铺装,奠定了横滨城市的基础设施。东侧丘陵地带设置山手居留地。

1868年,由英国工程师哈特(J.W.Hart)主持设计的外国人居留地在神户建成。该居留地位于海岸沿岸地带,西侧设置公园,东侧为游园地,沿海边设置散步道,居留地内设置下水道等近代城市基础设施(图1-4A—图1-4B)。[①]

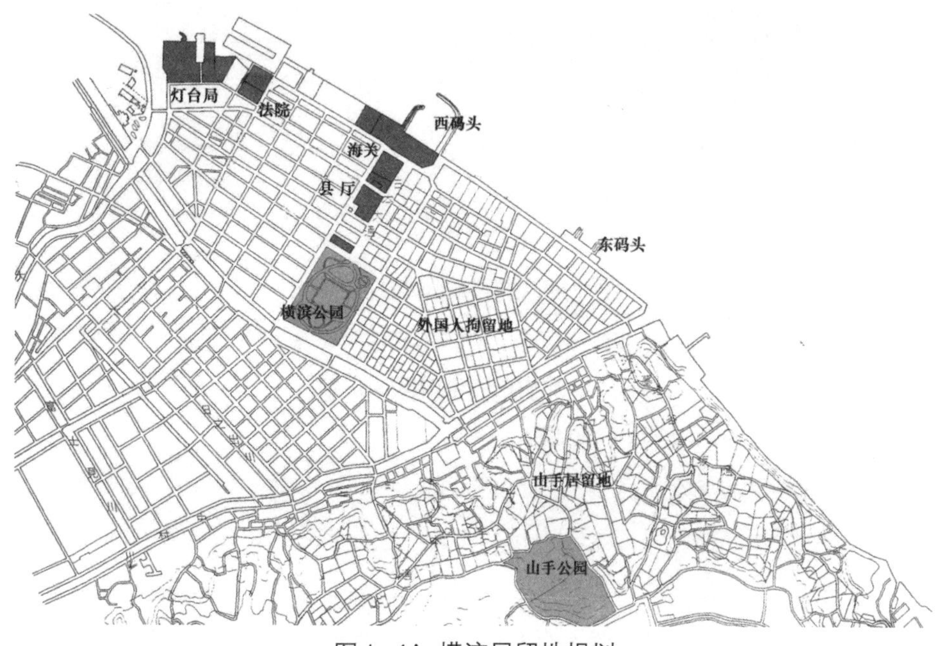

图1-4A 横滨居留地规划
(图片来源:『図集日本都市史』,经过作者改绘)

① 高桥康夫等:『図集日本都市史』,東京:東京大学出版会,1993年,第274頁。

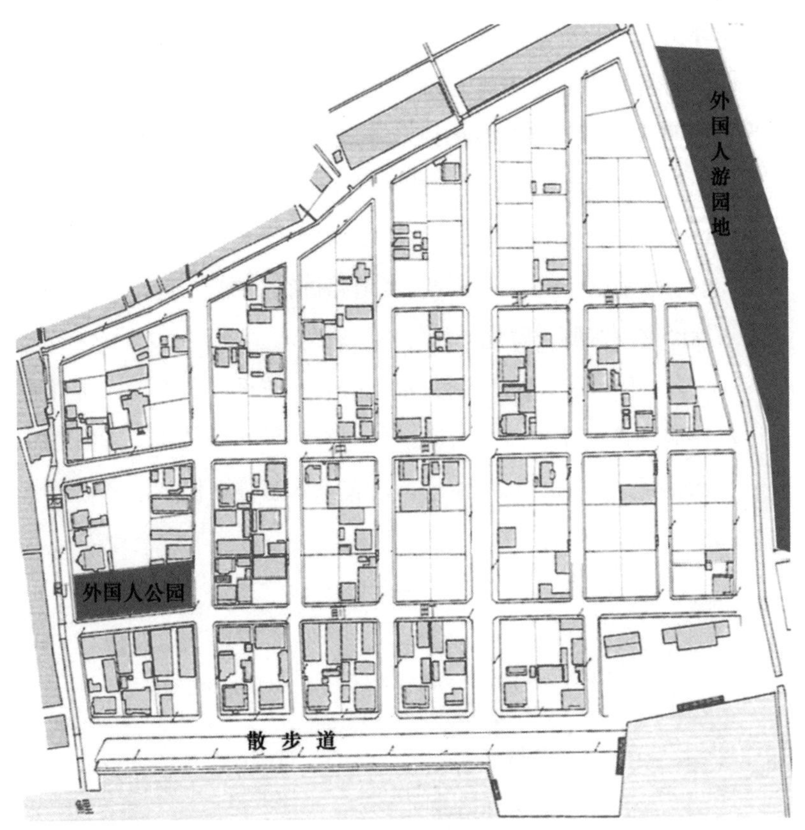

图1-4B 神户居留地规划
(图片来源:『図集日本都市史』,经过作者改绘)

三 城市规划制度的确立

1.规划制度确立的背景

明治维新之后,日本经济和军事实力空前膨胀。甲午战争、日俄战争后,日本逐步获得海外殖民地特权。国内产业革命不断发展,资本主义体制得到加强,近代工业迅速发展。第一次世界大战使欧洲的制造工业出现了停顿,由于产品不足,很多订单转而发给了日本,这就给日本制造业带来了发展的契机。1877年,日本产业人口仅占就业总人口的5.1%,到1921年增长到19.4%(图1-5)。增加的工厂大多数集中在商业区位好、交通便利的大城市。城市人口增长迅速,1920年,人口5万—10万的城市数目为31个,超过10万的城市达到16个。城市功能开始分离,除了传统的东京、大阪、京都、横滨等大城市外,出现了室兰、滨松、八幡等工业城市,函馆、若松等港口城市,以及夕张、大牛田等煤炭城市,佐世保、横须贺等军事城市。城市化快速发展,大城市过度膨胀,人口过密带来了一系列的城市问题。

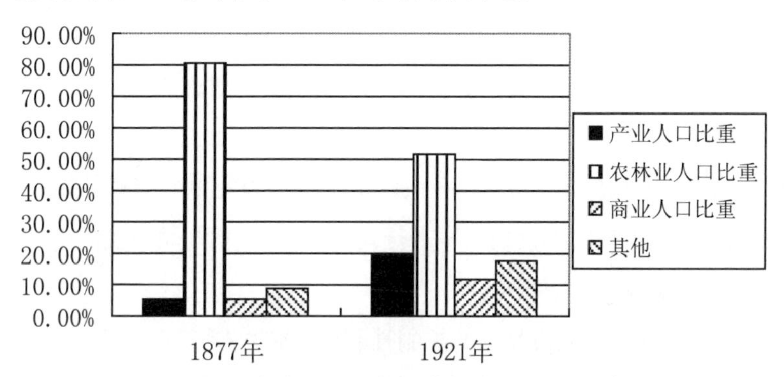

图1-5 1877年与1921年日本从业人口比重变化图

"东京市区改正条例"于1918年在东京以外的五大都市——大阪、京都、横滨、名古屋、神户试用。然而,"东京市区改正条例"是于1888年制定的,当它试用于其他五大都市的时候,距离其制定年月已经整整20年的时间,在这20年中,日本的经济和城市出现了极大的变化,原来的市区改正条例无法解决当时出现的一系列城市问题。因此,适应新的社会情势变化,尽快制定城市规划方面的新法令和新法规成为日本朝野的共识。

2.规划制度的特点

1918年,内务省设置了"都市计画调查会",制定了城市规划方面的六条调查工作大纲:①决定规划区域范围;②整治交通组织;③设立建筑物的控制标准;④完善公共设施;⑤确定地下埋设物和地上设施的整治方针;⑥调查城市规划相关法制和财源。在此基础上,设置了"都市计画课(相当于城市规划处)"。都市计画课于1919年制定了《都市计画法》和《市街地建筑物法》，同年11月公布了这两个法案，并于1920年9月1日开始实施。1930年，实施城市规划制度的城市达到97个。

《都市计画法》和《市街地建筑物法》共同构成日本最初的城市规划制度。其内容结构为：①确定城市规划区的概念；②明确规划的功能；③确定受益者负担原则解决城市规划财源问题；④确定城市规划行政组织；⑤导入近代规划技术。

与东京市区改正条例相比较，1919年城市规划法规在以下几方面有明显不同：

第一，重视城市的整体性，强调将城市作为完整的有机体来进行规划。城市规划区不仅包括城市行政范围，还包括与城市发展密切相关的农村范围。

第二，创造了城市规划的控制性制度。首次规定了对那些与已经通过的城市规划有矛盾的私人权利的限制制度。

第三，采用地区制度。通过规定居住、商业、工业等各种土地用途，控制各个用途土地上的建筑物种类、高度、建筑密度等。

第四，采用土地区划整理制度。

第五，明确了城市规划的中央集权性质，确定了城市建筑物规制和实施的全国统一标准。[①]

3.规划技术

作为日本最早的近代城市规划制度，1919年制定的《都市计画法》和《市街地建筑物法》从欧美吸收了三项规划技术，分别为土地区划整理、地域地区制、建筑线制度。

土地区划整理是指在城市化现象显著的近郊农村区域，建设必要的道路、公园等基础设施，达到建设用地的标准，使其具备相应的开发

① 日本公園百年史刊行会：『日本公園百年史』，東京：第一法規出版株式会社，1978年，第177—178頁。

建设条件。该技术以1909年耕地整理法的技术为基础,吸收了德国土地区划整理的经验,将耕地整理技术经过变通后应用于城市规划。

地域地区制又称为用途地域制,是将城市化地区和即将城市化地区进行地区划分,采取不同的土地利用和建筑规范的制度,共设置居住、商业、工业、其他未指定共四类用地(基本控制标准见表1-1)。1930年,实施用途地域制的城市为27个。

建筑线制度是对道路两侧建筑物的控制线。《市街地建筑物法》规定道路的宽幅必须大于9尺(2.7米),建筑线必须依据道路红线划定并可后退道路一定距离,无建筑线的地块不得建造房屋。因此,建筑线制度的实施有利于控制乱造建筑的现象,保护和拓展道路空间,同时也决定了未开发区域必须首先确定道路网规划,才能够划定建筑线。[①]

表1-1　地域地区制中的土地建筑控制[②]

<table>
<tr><th></th><th>禁止的建筑</th><th>建筑密度</th><th>建筑高度控制</th><th></th></tr>
<tr><td>居住区</td><td>工厂、车库、剧场、电影院、仓库、火葬场、屠宰场、垃圾处理场</td><td>< 6/10</td><td>< 65尺</td><td>H < A×1.25尺
H < WX1.25+25尺</td></tr>
<tr><td>商业区</td><td>工厂、火葬场、屠宰场、垃圾处理场</td><td>< 8/10</td><td rowspan="3">< 100尺</td><td rowspan="3">H < A×1.5尺
H < W×1.5+25尺</td></tr>
<tr><td>工业区</td><td></td><td>< 7/10</td></tr>
<tr><td>其他未指定地区</td><td>大规模、危害安全和卫生的工厂仓库</td><td>< 7/10</td></tr>
</table>

注:“尺”为日本测量单位,1尺约为30.3厘米。

H:建筑物高度　A:建筑物至对街建筑线距离　W:道路宽幅

① 石田賴房:『日本近代都市計画の百年』,東京:自治体研究社,1907年,第125—126、131—132、137—139頁。

② 石田賴房:『日本近代都市計画の百年』,東京:自治体研究社,1987年,第134頁。

四　关东大地震震灾规划

1923年9月1日，日本关东地区发生了7.9级大地震，东京、横滨两市受到重大破坏。大地震后日本设置了首都复兴院（本名为帝都复兴院），全权负责灾后的重建工作。同年末，首都复兴院理事会提出了灾后重建规划方案。震灾复兴工程自1924年启动，1930年结束。其中，东京建设了总长度253千米，面积526公顷的道路，建造公园55处，面积42公顷。疏通11条河流，新建1条运河，架设424座桥梁。震灾复兴工程对东京、横滨的城市结构进行了较大的改造，仅东京就完成了3 600公顷的土地区划整理工程，从根本上改变了江户时代形成的街区结构和城市景观。大地震后，住宅供给严重不足。内务省设置法人机构——同润会负责建造住宅，以缓和灾区居住矛盾。同润会开发了新式的钢筋混凝土建筑技术，建造了大量的以钢筋混凝土建筑为主的居住区，在居住区规划、细节设计、建筑配置、居住类型、植物栽培方面积累了大量经验。同润会建造的大规模钢筋混凝土居住区包括清砂通团地、代官山团地（图1–6）。1941年，同润会解散后，由住宅营团继续负责住宅的开发和租赁。

图1–6 代官山团地规划
（图片来源：『日本近代都市計画の百年』，经过作者改绘）

五　战时的大都市圈规划

1931年“九一八”事变后，日本进入了长达15年的侵略中国的战争时期。城市规划不得不考虑军事防备的需要，其目的和性质发生了根本变化，最早反映在大都市圈规划上。

20世纪初开始，日本的城市进入快速发展阶段，城市不断向郊区扩散。1919年，城市规划制度中的建筑线制度、用途地域制、土地区画整理等技术制度对城市局部的建设起到了控制和规制的作用，但是无法对城市郊区化和无秩序膨胀进行控制。

1924年，荷兰阿姆斯特丹国际城市规划会议提出：为了防止建筑物无限制地蔓延和膨胀，有必要在城区周围配置用于农业、畜牧、园艺的绿地带，通过绿地带控制城市膨胀，并在其外侧配置卫星城，以此引导城市发展。此后，日本根据阿姆斯特丹国际城市规划会议提出的基本观点，开始编制大都市圈规划。如1936年编制的关东国土规划、1939年编制的东京区域绿地规划、1941年编制的关东大东京区域规划等(图1-7)。

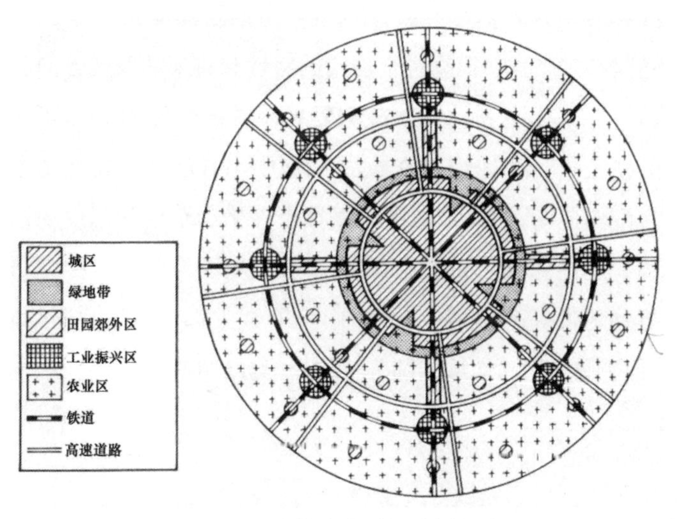

图1-7 关东大东京区域规划
(图片来源:『都市計画百年』,经过作者改绘)

由于战争原因,大都市圈规划带有强烈的军事色彩。关东大东京区域规划的范围包括东京都心30—40千米距离的区域,共分为五个区:大城市区、绿地带、田园郊外、工业振兴区和农业区。环状道路连接各个工业振兴区,同时连接周边的军事基地。环状铁道能够行走铁甲炮车。

六　战后的城市规划与建设

1.战后城市复兴

1945年底,日本政府设置了负责战后重建工作的机构——"战灾复兴院",由内阁总理大臣直接领导,并且于12月30日通过了《战灾复兴计画基本方针》。该方针包括复兴规划区域、复兴规划目标、主要设施、土地整理、建筑、预算等内容,其中中心思想为"控制城市过度膨胀和振兴地方中小城市"。同时,吸收大地震重建工作的经验,方针强调应重视土地区划整理制度的实施。

《战灾复兴计画基本方针》指出:城市的重建应充分考虑城市效率、保健、防灾等功能,根据各个城市的特性和将来的发展方向制定长期的规划。在规划标准方面,《战灾复兴计画基本方针》提出了比较高的指标:在大城市建设宽幅50米以上,在中小城市建设宽幅36米的干道,并且配置广场;公园绿地应根据城市性格和土地利用规划系统配置,总面积应达到城区面积的10%以上;沿城区外围的山林、原野、河流,配置绿地带等。1946年10月制定的《战灾都市土地利用计画》提出了更加明确的用途地域制细分化规划指标(图1-8)。

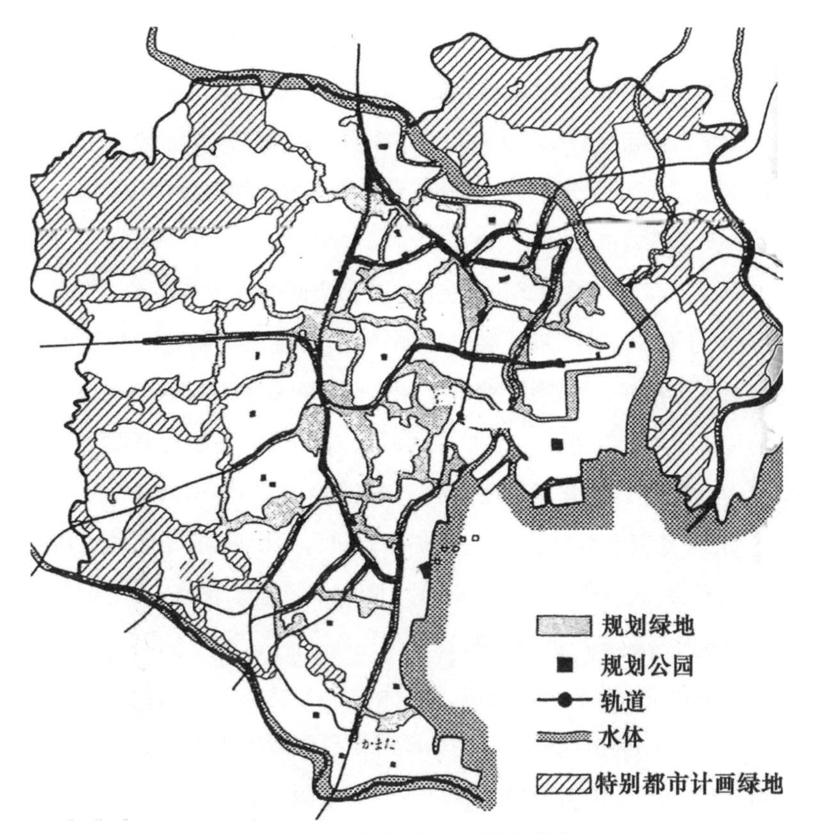

图1-8 东京战后复兴绿地规划
(图片来源:『都市史図集』,经过作者改绘)

1946年9月11日,为战后重建工作而制定的《特别都市计画法》公布,根据该法律,包括东京城区部等的115个城市被指定为受灾城市,实施重建工作。重建工作在土地利用规划的基础上,将城市规划范围划分为城市化区域、绿地区域和保留区域三类。

战后日本的经济、城市化状况与战前截然不同,但是城市规划制度一直沿袭1919年制定的《都市计画法》和《市街地建筑物法》,缺少与当时社会情势相对应的变化。针对某些具有特殊意义的或者在国家体系中具有重要地位的城市,国家颁布《特别都市建设法》直接对其城市规划、建设、体制进行规范,尤其确保这些城市建设的财源。

1949年开始，颁布了《广岛和平记念都市建设法》《长崎国际文化都市建设法》《热海国际观光温泉文化都市建设法》《首都建设法》《筑波研究学园都市建设法》等。这类法规明确了由国家对重要城市建设进行支持、支援的合理性，大部分在现在依然发挥法律效应。

2.大规模城市开发

在经济高速发展政策下，为追求城市空间的高度利用，20世纪60年代，日本修订了《建筑基准法》，颁布了《特定街区制》和《容积地区制》，引入容积率分区制度，废除了原来因防灾要求对城区建筑高度限定的传统形态控制方法。以东京为例，20世纪60年代，在新宿车站西出口附近规划了面积为93公顷的副都心地区。为集中城市行政管理中枢功能，容积率不断增加，导致高层建筑群的出现，日本大城市从而进入超高层、高容积率的建设时代。随着人口越来越集中，东京等城市的建筑环境越来越拥挤。（图1-9A）

经济和城市化的高速发展，导致城市人口大量增长，住宅、土地供应严重不足。1955年，日本住宅公团成立，开始大规模地购买土地进行新城建设。超过1000公顷的新城主要有大阪府企业局开发的千里新

图1-9A 东京都厅（作者摄）

城，住宅公团开发的爱知县高藏寺新城、东京多摩新城，以及千叶滨海新城、横滨港北新城等。[①]这些新城根据邻里单位理论进行用地和设施配置。每个邻里单位人口约1万人，配置小学和中学各一所，以及一处近邻公园和四处儿童公园，公园位于500米服务半径之内。(图1-9B)

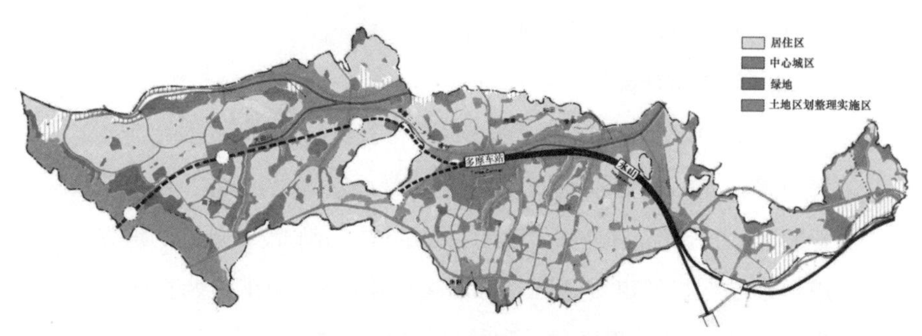

图1-9B 东京多摩新城规划
（图片来源：『東京の都市計画百年』，经作者修正）

为了容纳更多的居住人口，谋求更大的开发空间，新城建设规模不断增大，并且承担了一部分从大城市中心区疏散出来的商业、金融和流通功能，不再以纯住宅为主，而是重视新城内部功能的完整与协调。新城建设有完整的公园系统，学校、超市、行政机关、医院和诊所，成为大城市外围的地区性中心。为了应付日益增加的机动车交通量，新城设计中引入了步行街道、公园道等概念。

筑波科学研究城是开发比较成功的新城项目。该城市位于东京东北的茨城县内，初期建设目的是为了承担从东京疏散的教育研发功能，后来逐渐发展成为具有研究开发、居住、商业、金融、流通的多功能性地区性中心城市。设计采取低容积率、低建筑密度和高绿地率的原则，以步行者专用的公园道作为贯穿城市的中心轴线，沿轴线呈枝状配置剧场、电影院、图书馆、宾馆、科学馆、广场、公园、湖泊等公共建筑与开敞空间。轴线一直延伸进最北端的筑波大学。中心轴线外围是

① 東京都都市計画局：『東京の都市計画百年』，東京：都政情報センター管理部事業課，1989年，第68頁。

科学研究机关和农田等。按照服务圈理论进行绿地布局。

除了城市开发,日本加大投资建设交通基础设施。东京、大阪从20世纪60年代开始逐步完善轨道运输网,使居民大规模远距离移动成为可能。其他城市也开始建造轨道交通线路。首都高速公路、阪神高速公路开工建设,线路不断延长。

3.新《都市计画法》

由于1919年公布的旧《都市计画法》已经不适应日本社会经济发展的需要,1968年国会通过了新《都市计画法》。为了防止城市无秩序地膨胀,达到城市有秩序发展的目的,新法明确"没有规划的地方不得进行开发",将城市规划区划分为城市化区域、城市化调整区域。其中,城市化区域是积极建设和整治的地区,城市化调整区域是抑制城市化发展的地区。同时,为了加强土地使用控制力度,建立了区域区分与开发许可制度,采取不同的许可条件,通过对开发规模、目的和性质的规定来控制城市化发展。

1970年颁布《建筑基准法》,继续细化、完善用途地域制与容积率的规定。规定城市化区域必须全部采用用途地域制,从而扩大了用途地域制的实施范围。[①]

与旧法相比,新《都市计画法》更加体现城市规划的民主化色彩,主要包括规划权限的重新组合和公众参与的确立与发展。原先日本城市规划的制定和审批都由中央政府进行,新的《都市计画法》中规定地区的规划方案编制和审批权转移到地方政府手中,由都道府县和市町村两级政府决定,而中央政府保留国土规划和都市圈、城市带等区域规划的权力。这样实际上增强了地方政府对本地区未来空间与社会、经济发展的决策权。

在市场经济条件下,城市的建设与开发基本上是企业行为,其动

---

① 東京都都市計画局:『東京の都市計画百年』,東京:都政情報センター管理部事業課,1989年,第76頁。

机是利润的最大化。规划审批权的下放和对经济利益最大化的追求，经常导致在城市开发活动中漠视公众的基本利益。从20世纪60年代后期开始，随着开发活动的增多，民众自发组织发起了反公害、保护历史遗迹、维护日照权利的运动。作为对民众运动的回应，1968年新《都市计画法》正式确立了公众参与的制度。此后，信息进一步公开，决策进一步透明，公众参与不仅仅局限于原先的公听会、讲解会等被动型参与形式，而是逐步走向主动型的，与政府、专家、企业进行多向互动的参与形式。公众能够直接参与城市设计的企划、制作、实施等过程以及规划设计法规条例的制定。东京的《日照条例》、川崎的《环境保护条例》、东京江东区辰巳团地的城市规划方案、中野区的《防灾据点计画》等都是在公众的积极参与下制定的。

4. 开发自由化

20世纪70年代以后因为促进经济发展和自民党政策的影响，城市的规划设计出现了自由化倾向，称为“反规划”。

城市开发能够促进第二产业和第三产业的发展，提高国家的经济能力。因此，日本各个党派相继发表了关于城市发展的策略宣言。在经济政治利益的驱动下，1968年，自民党发表了《都市政策大纲》，提出全面推进城市开发。1972年，田中角荣也发表了《日本列岛改造论》，呼吁全国采纳都市政策大纲，实现经济的高速增长。

财界主导的“都市开发委员会”推动了高速公路、关西研究学园都市、关西机场等大型开发项目的实施，同时，城市的行政部门在开发压力下放松了对规划与建设的控制，形成了“反规划”现象。反规划现象实际上是政治中枢力量对城市空间进行影响的显现，直接导致了20世纪70年代中期以后大城市地价的迅速上升、中心区空洞化、城市衰退以及环境破坏加剧等问题。

5. 城市设计的发展与制度的确立

由开发意识主导的城市发展路线遭到了公众的强烈反对。当公众与开发商的对立达到一定的激烈程度后，城市的控制体系便会有所加强。城市设计作为比较具体的空间规划控制手段，在制度、理念和实践上逐渐完善。

丹下健三的“东京计画1960”发表以后，日本建筑界形成了一股城市设计的潮流。然而20世纪60年代的城市设计基本是工作室里的方案，缺少实践的场所。横滨市是日本最初正式实施城市设计的城市，因此成为20世纪60年代众多城市设计思想的实践场所，集中了桢文彦、大高正人等众多的建筑学者。1971年，横滨行政局设置了城市设计负责人岗位，提出城市设计的七大目标。

桢文彦指出，经济的发展要求不断突破容积率限制，造成高层建筑增多、景观同化，失去了日本的城市特色，因此城市设计成功与否关键在于容积率和建筑高度控制。1973年，制定横滨市城区环境设计制度，详细规定了建筑物的容积率、空地率和高度的控制手段。20世纪70年代，横滨城市设计活动集中于中心区，集中建成了“绿地轴”与“商业轴”。20世纪80年代，城市设计推广到郊区，重点转移到历史自然资源的保护与利用方面。在大资本运作下，港北新城、Minato Mirai21（MM21）、新本牧地区、金尺海滨城等大规模不动产开发项目纷纷开始实施。尽管大规模项目实施时间长，但是投资方与设计方稳定，规划意识浓厚，城市设计的意图与效果明显。MM21项目是大规模滨水开发设计的成功范例。该地区原为三菱横滨造船厂与货物仓库所在地，被规划为横滨新的经济、文化和管理中心。MM21地区的城市设计具有前所未有的整体性，分为地区整体设计、公共设施设计、建筑物形态控制三个层次，包括天际线构成、建筑物底层的公开性、步行专用道路的网络化、地区色彩基调的控制等内容。通过公众参与，形成了以官民一体为基础的设计推行实施体系。

横滨城市设计的成功对其他日本城市具有典范作用。但是各地发展水平不一，原来的城市规划法规过于空洞，城市设计难以大范围推广。1980年，地区规划制度出台，填补了《都市计画法》的漏洞，使城市规划体系能够对详细的空间设计进行指导。地区规划的内容包括建筑物位置、用途和形态控制、土地利用控制、比较具体的道路、公园规划。作为综合性的规划，地区计划的出图比例被定于千分之一，实际上起到了城市设计的作用。

表1-2　规划法规比较

	东京市区改正条例（1988年）	旧《都市计画法》（1919年）	新《都市计画法》（1968年）
目的与理念	促进东京市内营业、卫生、防火、运输方面条件的改善	维持、提高城市内交通、卫生、治安、经济方面的功能，提高福利	确定规划事项，促进城市健全发展和秩序建设，建设均衡国土，增进公共福利
规划范围	东京市域	大臣确定的城市规划区	知事指定的城市规划区
规划对象	城市设施（道路、河流、上下水道、桥梁、铁道、公园、市场、屠宰场、火葬场、公共墓地）	城市设施（道路、河流、港湾、机场、区划整理、上下水道、桥梁、铁道、公园、市场、屠宰场、火葬场、公共墓地）	城市化区域、城市化调整区域、地域地区、促进区域、城市设施、城区开发项目等
规划决定主体	东京市区改正委员会大臣	都市计画委员会大臣	知事、市町村行政长官
实施方法	市区改正项目	城市规划项目、市街地建筑物法的土地利用控制、城市规划控制	城市规划项目、开发许可制的土地利用控制、建筑基准法的土地利用控制、城市规划控制
财源	特别税、公债	特别税、受益者负担金、地方交付税、城市规划事业负担金、国库辅助金、地方债	国库补助金、地方交付税、土地募金、受益者负担金、城市规划税、宅地开发税、地方债

第三节　历史环境保护

一　人工历史景观保护

历史景观保护源于明治维新后的古旧器物和寺社保护运动。日本明治维新时颁布了神佛分离令和废藩置县命令。神佛分离令使得佛教地位下降，各地出现了毁坏寺院建筑和物品的行为。废藩置县则造成大量原先藩主所居住的城郭成为废城，最终保存下来的只有名古屋城、彦根城、姬路城、松本城等少数城郭。明治维新后，寺院与神社的领地大量国有化，周边传统景观与财政基础受到较大的损害。针对寺社遗迹受到破坏的情况，内务省颁布法令，提出了古寺社保护内容和范围[①]，并设置了寺社保存金制度以维持对寺社建筑与物品的修缮。

19世纪末20世纪初，日本工业化和开发建设快速发展，乡土环境和历史环境受到很大的影响。这种背景下产生了爱乡运动和大量的爱乡团体[②]，致力于对历史寺院遗迹和名胜的保护。1897年，日本政府颁布了《古寺社保存法》，建立了最早的寺社建筑和物品保护国家体制。1929年，《古寺社保存法》被《国宝保存法》取代，保护对象扩大到国民、团体持有的国宝物件，涉及城郭、陵庙、书院、茶室、石塔等历史建造物。

起源于德国的天然纪念物思想在20世纪初期传入日本，重点为植

---

① 1878年官方确定古寺社范围为1486年之前设置的寺院与神社，1880年扩大到1793年之前设置的寺社。

② 这一时期典型的爱乡团体有保晃会（成立于1879年，致力于日光山神社寺院保护）、出云神社保存会（成立于1900年左右，致力于出云神社分社保护）、平城宫址保存会（成立于1906年，致力于奈良长谷寺院保护）、长谷寺保存会（成立于1912年，致力于奈良长谷寺院保护）、兼六园保胜会（成立于1915年，致力于金泽兼六园保护）等。

物的保护。1911年，三好学提出应保护日光的杉树、松岛的松树、小金井的樱花等具有文化纪念价值和观赏价值的植被。1919年，国会颁布《史迹与名胜天然纪念物保存法》，保护的范围扩展到神社寺院、植物、动物、历史建筑、遗迹、纪念碑、古城遗址、地质矿物等，到1926年共有21种动物、137种植物、19处地质地貌景观，共计177件被指定为天然纪念物。①

1950年，日本废除了《国宝保存法》和《史迹与名胜天然纪念物保存法》，取而代之以《文化财保护法》。该法中文化财的范围涵盖了原先的国宝和史迹名胜天然纪念物，增加了无形文化财类别，赋予地方政府制定文化财保护条例的权利。除了寺社古迹建筑以外，民居建筑的价值也受到重视，部分民居成为重要的文化财。《文化财保护法》除了针对文化财单体对象实施保护，也要求对周边环境进行一定的保护。②

《文化财保护法》主要针对单体物品和建筑物及其周围环境，难以发挥地域整体历史景观的保护作用。奈良、京都和镰仓是日本三大著名古都，文化遗迹众多，均面临城市化发展的压力。1966年，日本颁布了《古都历史风土保存特别措施法》(简称《古都保存法》)，旨在通过国家立法保护三大古都的历史风貌。该法设置了历史风土保存区和特别历史风土保存区，实行分级保护。

二　自然历史景观保护

20世纪70年代之前，日本对于自然景观的保护主要是通过风致

① 黑天乃生、小野良平："Transition of landscape's position in the national monuments at the beginning of preservation systems from the end of the Meiji Era to the beginning of the Showa Era", *Landscape Research Japan*, 2004年第67卷第5期，第597—600页。

② 西村幸夫：『都市保全計画』，東京：東京大学出版会，2004年，第103—105頁。

地区、绿地保全法和自然公园制度进行的。“风致地区”是二战前日本《都市计画法》中针对风景游览胜地、寺社园林环境、休闲地、滨水地等景观价值较高的地区设置的分区类型，目的是通过对开发行为的规制和绿地植被的确保达到保护该类区域景观的目的。二十世纪二三十年代划定了东京明治神宫周边、武藏稜、江户川，京都的鸭川、东山和北山等地区为风致地区。至二十世纪七十年代，日本各地划定了近700处风致地区，有效地保护了这些风致地区的绿化环境和自然风景。

战后城市化发展导致普遍性的市郊绿地面积大幅减少，而仅仅依靠风致地区制度难以达到区域自然绿地的保护。1966年针对城市化最为严重的首都圈，日本颁布了《首都圈近郊绿地保全法》，随后又颁布了《近畿圈保全区域整备相关法律》，首次设置了近郊绿地保全区制度，通过行为规制保护两大都市圈近郊区绿地。随着绿地保护范围的扩大，1973年日本颁布了《都市绿地保全法》，对所有的都市计画区域以内的林地、草地、滨水绿地、寺社绿地等进行保护。

风致地区和绿地保全区是都市计画区域以内的土地分区类型，对于都市计画区以外代表性的风景资源主要是通过自然公园体制进行保护。自然公园体制始于1931年实施的《国立公园法》，其中规定了国立公园必须具备最有代表性的风景资源。1957年原有的《国立公园法》变更为《自然公园法》，正式确立了国立公园、国定公园、都道府县立自然公园三级保护体系，实施分级保护和管理的体制。其中国立公园由环境省管理，国定公园与都道府县立自然公园由县政府管理，保护范围涵盖了名胜、史迹、传统胜地、自然山岳景观、独特的陆地生态系统地域、珊瑚礁等海洋生态系统、沿海悬崖、溺湾等滨海风景资源、湿地环境等。

三　历史文化遗产保护体系与方法

历史文化遗产的保护体系包括保护对象、保护目标和实施措施。对于有形的文化遗产，保护体系是围绕空间保护建立起来的。空间保护对象包括点、线、面的保护。点是古建筑单体和具有历史文化价值的构筑物，如桥、纪念碑、墓、牌坊、门等；线主要指道路、河流、城墙等，连接点状的保护对象，并且有交通、游览的功能；面是具有共同历史文化特征的古建筑群、历史街区、古典园林等。点、线、面的保护共同构成历史文化遗产空间保护结构。

保护目标根据保护对象的现状和性质而定，还要兼顾地区经济文化发展的要求。实施的措施是确保达到保护目标的基础，必须具备行政方面的可操作性。具体的保护方法主要有：

1. 现状保存（Preservation）

对历史文化遗产目前的形态、材料、色彩和整体性进行维持的行为和过程，或者称为冻结式保护。

2. 修复再生（Rehabilitation）

在对保护对象中凝聚历史与文化价值的部分进行保存的同时，通过修缮、附加等手段，达到现代工作生活使用的要求。

3. 复原（Restoration）

保护对象在历史过程中经过改造，表现出与原来价值不符合、不协调的特点。通过改造，去除不协调的物质因素，再现对保护对象原有的形态、色彩、材料等特点。

4. 复制和重建（Reconstruction）

通过对历史文化遗产的外观进行复制，重新建造和复制对象具有某种相似性的建筑物或者街区，达到再现已经不存在的历史文化环境的目的。如大阪城天守阁、名古屋城等。

以上方法是建筑物、构筑物单体的保护方法。对于线状和面状的历史环境保护，还经常运用以下方法：

1.建筑高度控制

城市发展必然出现大量高层建筑物。高层建筑物破坏了历史文化环境的尺度、比例和风格的和谐，还影响了视觉廊道的通畅，破坏原有环境的视觉格局。这就要求对历史文化环境内部和周围的建筑高度进行统一控制。如奈良、京都、东京的皇居均有严格的建筑高度控制。

2.功能调整

由于周围环境的变化，历史地块原来的功能逐渐萎缩甚至消失。根据整个城市的发展目标和历史街区的特点，合理进行功能转换，保持并且振兴历史环境的活力。比如白川乡的历史建筑保存，其个别建筑内部功能变更为商业用途。

3.立面的统一整治

沿街道（或者其他移动路线）的建筑物立面向行人传达强烈的信息。如果立面的风格不协调，会破坏街道的统一美感。因此，通过设计导则和其他相关法规控制立面的设计风格，近而对立面进行统一整治。整治的内容包括建筑风格、材料、色彩、后退距离等。如京都的花间小路沿街建筑立面设计。

4.基础设施整治

历史环境的基础设施老化，不符合现代城市居民居住和工作休闲的要求。因此，应当对生活和工作的基础设施进行整治，恢复环境的活力，达到满足功能的基本要求。基础设施整治一般包括房屋、道路的整修，上下水系统、供气、取暖设施的整治，以及增加绿化、垃圾处理站等内容。（图1-10—图1-15）

图1-10 京都圆山公园传统建筑(作者摄)

图1-11 京都花间小路沿路建筑立面一(作者摄)

图1-12 京都花间小路沿路建筑立面二(作者摄)

图1-13 高山阵屋历史建筑物景观(作者摄)

图1-14 高山阵屋历史建筑群景观(作者摄)

图1-15 高山市三町传统建造物群景观(作者摄)

第四节　景观法规体制创设

一　美观地区制度

1919年,《都市计画法》和《市街地建筑物法》中引入了“美观地区”制度,用于控制建筑物、建筑群的景观。根据此制度设置的美观地区,主要为城市内的枢纽地段、公馆集合地、神社与寺院等地块,控制内容是禁止建设妨害协调性的建筑物。具体的控制手法对于环境景观有损害的建筑物,赋予地方长官以拆除、改修、设计变更,以及确定分区的建筑高度、屋檐高度、外壁材料与主色调的权力。同时还规定美观地区以内的建筑物设备不得在面向道路和公园的外壁露出。

东京的皇居外郭最早被指定为美观地区。1933年,丸之内、霞关公厅地区、三宅坂至九段坂的高级住宅区均被囊括进该控制地区。面状地区以外,沿道路的带状地区也成为景观控制的对象。1934年,大阪中之岛为中心的河流沿岸、干道沿线和车站附近被指定为美观地区。1939年,宇治山田的伊势神宫周边被指定为美观地区。①

二　景观条例与景观法

1978年,神户市首创了《都市景观条例》。该条例指定了都市景观形成地区、美观地区和传统建筑物群保存地区。规定在每个都市景观形成地区,均应确定建筑物规模、位置、色彩与意匠风格,以及地面一层和屋顶的形态等基准事项,对于景观有影响的建筑行为均需事先提出申请。在都市景观形成地区内的特别枢纽地区,依据《建筑基准法》

① 西村幸夫:『都市保全計画』,東京:東京大学出版会,2004年,第78、82—83頁。

确定为美观地区，对建筑物构造和形态进行特别规制。[①]

20世纪80年代，制定景观条例的城市迅速增加，2003年约450市町村制定了景观条例。景观条例控制对象可以分为集落保护型、乡土景观保护型、历史都市景观保护型和现代都市景观形成型四类。集落保护型着眼于历史人文景观的保护，乡土景观保护型进一步包含了各类文化遗产和自然地形地物。历史都市景观保护型条例的内容则扩展到历史—现代连续性的都市景观，现代都市景观形成型条例则以都市整体景观形成为主要目标。

1969年，宫崎县制定了沿道修景美化条例，自此开始了都道府县一级的景观条例的制定。与市町村相比，都道府县的景观条例着眼于广域的景观保护，控制的对象是对地域整体景观有损害的建筑物与建设行为。[②]

2004年日本国会通过了《景观法》，同时颁布了配套法案《景观法实施关联法案的整备等相关法律》和《都市绿地保全法等一部分修订法律》，这三项法案合称“景观绿三法”。

《景观法》主要内容是确定了景观规划制度、景观地区制度、景观协定和景观整备机构制度。由地方政府组成的景观行政团体，是制定当地景观规划的主体，依据《景观法》确定景观规划区域内景观重要公共设施（包括公园、道路、河流、海岸带、港湾）、景观重要建造物和景观树木，并对区域内各类建设行为以及建筑物的形态、色彩、意匠等提出规范和控制措施。由景观团体牵头组织区域内相关利益主体成立景观协议会，缔结景观协定，约束各方行为，并指定公益法人或者非营利民间组织（NPO）组成景观整备机构推进景观规划的实施。

---

① 西村幸夫：『都市保全計画』，東京：東京大学出版会，2004年，第174頁。

② 西村幸夫：『都市保全計画』，東京：東京大学出版会，2004年，第178—179頁。

《景观法》建立了景观地区制度。景观地区是市町村地方政府在进行城市规划的时候,确定需要实施景观规划和控制的地块范围。景观地区内的建筑设计,其形态和意匠必须受到相应的景观规划和城市规划控制。除了传统的根据土地利用类型确定容积率和建筑密度等控制指标,景观地区中的建筑物形态控制项目还增加了建筑物高度区间、壁面位置和地块面积下限的控制指标。

《景观法》的出台导致原有的《都市计画法》《建筑基准法》《户外广告物法》和公园绿地法规相关内容的修订。配套的《景观法实施关联法案的整备等相关法律》主要内容是调整《都市计画法》《建筑基准法》和《户外广告物法》中涉及景观的部分内容。该法案废除了都市规划体制中的"美观地区",将其变更为"景观地区",并赋予景观团体可以根据地方要求重新确定、调整建筑和户外广告物的形态控制规定的权力。《都市绿地保全法等相关法案修订法》规定将原有的《都市绿地保全法》改为《都市绿地法》,设置特别绿地保全地区和绿地保全地域,强化了绿地率的分区控制,增加了立体绿化等内容,同时对《都市公园法》《首都圈近郊绿地保全法》等法规也做了调整。①

---

① 马红、门闯:《日本〈景观法〉的立法过程及其实施方法》,《日本研究》,2014年第3期,第56—64页。

第二章　公园绿地系统的发展史

第一节 公园绿地系统的发展历程

一 近代公园的萌芽

1.公园的出现

1873年1月15日,太政官(1885年内阁制实施前的处理国家政务的最高机构)向各个府县发布了关于设立公园的通告。通告的主要内容是:在以三大都市(东京、大阪、京都)为代表的都市区域内,为了将那些适于永久供公众休闲娱乐的场所建造成公园,要求各个府县对以前的风景胜地、历史遗迹和曾经或者正在作为公共休闲游览的场所分别进行调查,并且制作图纸,将调查结果和图纸一起提供给大藏省(政府的行政机关)。这个通告当时叫作"太政官第16号通告"。

太政官第16号通告首次正式使用了"公园"一词,从通告内容来看,对公园的性质做了以下规定:

* 永久性:公园在利用上应该具有永久性,因此管理者与所有者最好是政府。

* 公共性:利用的主体是公众,而不是专供某一特定团体或者阶层使用。

* 城市性:公园设置的地区是都市区域。

* 特定的目的性——公园的使用目的是提供公众休闲娱乐的场所。

* 价值性:公园建设的地点应该具有一定的价值,这种价值或者是景观上的,或者是历史上的,或者以前就曾经用作游园地。

太政官第16号通告下达后,上野公园成为第一个由日本政府设置的公园。1867年,文部省决定在上野山原宽永寺境内建设大学东校医院(现在的东京大学医学部)。荷兰医生Antonius F. Bauduin被聘请为大学东校的教师,在大学东校医院的建设过程中,他参与了监督过程。Antonius F. Bauduin详细查看了上野山的环境以后,通过荷兰公使,向太政官提交了在上野山建立公园的建议书。他认为:上野山自然环境优美,是东京城区内不可多得的绿地。而建设过多的建筑物会损害该处宝贵的自然资源。因此,可以模仿欧美的城市,将上野山设置为公园。1872年,兵部省提出申请,要求将宽永寺本坊迹(现在的东京国立博物馆)作为士兵的埋葬地,从东京府手中接管了该地区。当时的上野山实际上由东京府、文部省、兵部省三方所管辖。

太政官第16号通告下达后,太政官决定将上野山的管辖权全部收归东京府,设置上野公园。1875年,内务省博览会事务局局长町田久成上书建议将上野公园作为修建博物馆的用地。太政官通过了他的建议,1876年将上野公园的管辖权转到了内务省博物局手中。上野公园于同年5月正式开放,第二年8月在公园内召开了日本第一次劝业博览会(图2-1)。

1885年提出的"东京市区改正设计"一共规划了49处公园,总面积达330公顷。公园分为大小两种。大公园面积在3公顷以上,有11处,在太政官第16号通告下开设的上野公园、芝公园、浅草公园、深川公园、飞鸟山公园的基础上,新增加了日比谷公园、靖国神社、神田神社、鞠町公园、向岛公园、高轮公园。小公园36处,其中一半以上是神社的管辖地。在公园配置上,该规划强调按照各区人口进行配置。规划中新增加的大公园中，最终仅仅建成了日比谷公园(1903年建成)。小公园中建成了坂本町公园(1889年建成)、清水谷公园(1890年建成)、汤岛公园(1890年建成)、白山公园(1891年建成)。1903年规划修编后，公园面积和数目均大幅度缩小。

图2-1 上野公园的国立博物馆(作者摄)

从上野公园开始，在太政官第16号通告的影响下，日本各地开始陆续设立公园。根据1933年做成的《国有公园概况调查书》，明治时期设立的公园见表2-1。

表2-1 明治时期设立的公园

公园名	地点	面积	开设时间	备注
芝公园	东京都	156 635坪	1873年	位于原来增上寺所有区域内,丘陵地貌,树木繁盛,历史遗迹丰富
深川公园	东京都	—	1873年	隅田川以东唯一的公园,有神社
浅草公园	东京都	36 468坪	1873年	本来处于金龟山浅草寺的管辖地内,已经被废止
飞鸟山公园	东京都	13 727坪	1873年	本来是吉宗将军设立的游园地,后来改为公园
鞠町公园	东京都	9 082坪	1881年	原来是神社的管辖地,后来改为公园,现在已经被废止
爱宕公园	东京都	4 793坪	1886年	可以望见东京湾的风景胜地,原来为爱宕神社所有,后来改为公园,现在已经被废止
山手公园	横滨市中区	3 508坪	—	外国人专用公园,后来收归国有
横滨公园	横滨市中区	19 448坪	1874年	外国人专用公园,后来收归国有
调公园	浦和市	5 967坪	1874年	—
与野公园	与野市	3 531坪	1877年	本来是安养山西念寺的所有地,后来向公众开放,成为游园地
成田公园	行田寺	4 199坪	1875年	—
锯山公园	锯南町	46 439坪	1873年	位于风景优美的山上,有著名的寺院
白山公园	新潟市	10 539坪	1873年	风景名胜区,后来成为白山神社的树林园,1872年开始作为公园整治
富山公园	富山市	1 600坪	1882年	为了保护封建古城遗址而设立,现在改名为城址公园

续表

公园名	地点	面积	开设时间	备注
高冈公园	高冈市	72 645坪	1875年	本来为封建领主的领地，后来成为休闲娱乐地
函馆公园	函馆市	14 534坪	1878年	北海道早期的公园之一
中岛公园	札幌市	74 769坪	1884年	—
福山公园	福山市	4 908坪	1879年	旧封建主松前的领地
合浦公园	青森市	42 362坪	1881年	—
樱冈公园	仙台市	5 233坪	1875年	现在叫作西公园
千岁山公园	山形市	645坪	1876年	位于山形市东南千岁山麓，现在叫作药师公园
佐氏泉公园	米沢市	604坪	1873年	望族佐藤氏的别墅地，有泉水涌出
松岬公园	米沢市	9 217坪	1874年	米沢藩主上杉氏的领地，后来被指定为公园
鹤冈公园	鹤冈市	2 954坪	1875年	—
日和山公园	酒田市	9 196坪	1873年	位于游览胜地日和山
信夫山公园	福岛市	11 722坪	1874年	村民自发组织起来，借用国有土地，建造公园，后来被福岛市买下
南湖公园	白河市	107 473坪	1880年	白河城主松平定信所造的游园地，后来被指定为公园
偕乐园公园	水户市	26 477坪	1873年	藩主德川齐昭公所造，后来成为县营公园
水户公园	水户市	9 371坪	1881年	藩主德川齐昭公所造的教育设施，后来向居民开放。现在叫作弘道馆公园
马场公园	宇都宫市	403坪	1873年	封建贵族户田氏的领地，明治年间收归国有。现在已经废止
佐野公园	佐野市	13 401坪	1889年	—

续表

公园名	地点	面积	开设时间	备注
大平山公园	枥木市	38 132坪	1882年	海拔300米，自古以来就是名胜地
冰川公园	大宫市	76 173坪	1884年	现在叫作大宫公园
兼六园公园	金沢市	30 442坪	1874年	本来是贵族的庭园。为散大名园之一。明治年间公开
长野公园	长野市	6 875坪	1882年	原来是名刹善光寺的管辖地，现在叫作善光寺东公园
城山公园	松本市	7 557坪	1872年	原来是城主户田氏所有的游园地，多樱花树和枫树
上田城迹公园	上田市	6 000坪	1879年	望族真田氏的居所，1876年为民有地，后来作为公园整治
高岛公园	诹访市	6 325坪	1875年	临近诹访湖
城山公园	饭山市	—	1883年	原来是藩主本多氏的居所
高远公园	高远市	8 192坪	1875年	名城高远城的旧遗
养老公园	岐阜市	241 377坪	1880年	位于养老郡养老村，因瀑布而扬名
岐阜公园	岐阜市	—	1882年	位于名胜地金华山内
大垣公园	大垣市	3 120坪	1880年	位于旧大垣城遗址
高山公园	高山市	66 715坪	1873年	现在叫作高山城迹公园
浪越公园	名古屋市	—	1879年	已经被废止
冈崎公园	冈崎市	—	1875年	旧藩主本多的所有地，后收归冈崎市
史迹小牧公园	小牧市	—	1873年	位于小牧上上，幕府瓦解后卖给市民，后来又收归政府所有
津市公园	津市	25 131坪	1877年	藩主藤堂氏的庭园，后为游园地，现在叫作偕乐园

续表

公园名	地点	面积	开设时间	备注
上野公园	上野市	30 032坪	1891年	现在叫作白凤公园
龟山公园	龟山市	7 694坪	1886年	城墙遗址公园
松阪公园	松阪市	8 385坪	1881年	城墙遗址公园,原来属于德川家所管
圆山公园	京都市	29 259坪	1886年	原来是安养寺、双林寺和长乐寺的管辖地,成为京都最早的公园
住吉公园	大阪市	38 537坪	1873年	—
浜寺公园	堺市	188 290坪	1873年	位于面临大阪湾的海滨,后来归大雄寺所有
东游园地公园	神户市	12 112坪	1899年	原来是外国人所开设的游园地,后来收归神户市所有,成为公园
奈良公园	奈良市	1 598 100坪	1880年	—
后乐园公园	冈山市	40 223坪	1884年	原来是三大名园之一,后来归县所经营,改为公园
东山公园	冈山市	35 778坪	1873年	—
津山公园	津山市	8 537坪	1884年	本来是贵族的庭园,明治初期作为一般游览地开放
严岛公园	广岛县宫岛町	1 284 711坪	1873年	现在叫作宫岛公园,属于历史遗迹公园,风景优美
城迹公园	福山市	—	1874年	—
鞆公园	福山市	788 629坪	1873年	临濑户内海,自古以来是风景名胜地,后来被指定为国立公园
天神山公园	防府市	—	1883年	由公有林地和神社管辖地合并而成
栗林公园	高松市	181 422坪	1875年	本来是贵族松平氏的庭园

续表

公园名	地点	面积	开设时间	备注
聚乐园公园	松山市	—	1874年	藩主松平氏居住的内城，曾经被用作军事用地，现在叫作城山公园
高知公园	高知市	40 777坪	1873年	—
东公园	福冈市	82 062坪	1876年	原来是受到严格保护的风景名胜地
西公园	福冈市	32 959坪	1881年	位于博多湾丘陵上，风景胜地
莲池公园	佐贺市	11 171坪	1881年	原来是封建贵族所建设的游园地
舞鹤公园	唐津市	12 975坪	1876年	现在叫舞鹤滨公园
小城公园	小城郡	15 671坪	1875年	原贵族庭园，因村民运动而设置为公园
长崎公园	长崎市	8 855坪	1874年	自古称作玉园山的风景地，江户时代在此处建立神社，明治初期成为公园
灵丘公园	岛原市	11 877坪	1883年	曾经是幕府时代的游乐地
春日公园	大分市	2 317坪	1873年	春日神社的管辖地，后因荒芜，作为公园整治
中津公园	中津市	2 460坪	1880年	—
臼城公园	臼杵市	16 767坪	1873年	—
臼城西公园	臼杵市	—	1873年	游园地，内有神社和祭坛
山下公园	竹田市	750坪	1875年	位于常盘山麓，封建主中川久通在此处种花植树，形成游园地，后改为公园
纳池公园	直入郡	2 885坪	1875年	1330年，成为贵族私人游乐地，后来向大众开放，成为官民共用的游园地

2. 日比谷公园的设计

日比谷公园位于东京市区中心，是东京市区改正设计中规划的最重要的大公园。和以往的公园不一样，日比谷公园从规划设计到施工、管理运作基本采用了西方现代公园的手法。它的建设成功给日本造园界带来了新的公园风格，在近代日本公园史上占有重要地位。

日比谷公园的建设过程和美国纽约的中央公园很相似，在建设之前它们都是非城市化区域，到公园建成之时，周围已经成为高密度的城区。明治初期，日比谷基本是一片农田，后来这里成为陆军的练兵场。1885年，当时的东京工商会长涩沢荣一向东京市区改正审查会建议："日比谷和附近的丸之内基本上位于东京行政范围内的中央地带，具有重要的地理位置，优异的区位条件，如果在这一带疏通道路，并且将护城河当作运河使用的话，会使这一地区成为商业繁荣之地……"三年后，日比谷练兵场被废止，东京市区改正审查会决定在练兵场范围内修建公园。

最初的若干设计方案由园艺会田中芳南、小平义之近、小沢醉园提出，由于没有脱离日本传统造园的风格，被东京府否决。曾经在欧洲留过学的工学博士辰野金吾建议采用欧美大城市中的综合公园的设计手法，他的方案最终由于各方协调不够也没有被采纳。1900年，日比谷公园造园委员会成立，设计委托给了林学博士本多静六。在本多静六的方案中，基本上以德国公园为范本，同时增加了日本传统庭园的手法，形成了近代城市综合性公园风格。设计的主要特点是：公园设有六个入口，园内道路为曲线形式，将六个入口连接起来。道路将公园分成四个区，分别为德国风格的树林区、城墙遗址区、大草坪区和运动场区。西面的入口西幸门往东北方向的区域是树林地带，这里刻意造出一种深山森林的效果，植物配置和道路形式仿效德国，是最具有德国风格的散步区域。再往东是云型池，里面喷泉雕塑——鹤的造型是东京美术学校(现在的东京艺术大学)所设计。东面永乐门入口处，保存有旧江户城墙的遗迹，城墙下设计了“心”字池，池内有喷泉。池塘的北面有一块大花坛。花坛西北面是利用挖掘“心”字池后多余的土方筑成一个低丘。花坛西是一个大草坪。草坪东北侧是高低不平错落有致的坡地，起到遮阴避阳的效果。从东侧的入口日比谷门往里，是块运动场，仿照德国公园运动场的形式，中间铺设草地，周围是跑道。该运动场以东是音乐堂，以西原来是稀疏的树林，后来改为花园。整个公园强调装饰效果，这种以西方近代公园手法为基调，在局部糅合日本传统造园手法的设计风格对后来日本全国公园的设计产生了深远的影响。日比谷公园最后按照本多静六的方案进行建设，1903年建成向市民开放。（图2-2A—图2-2B）

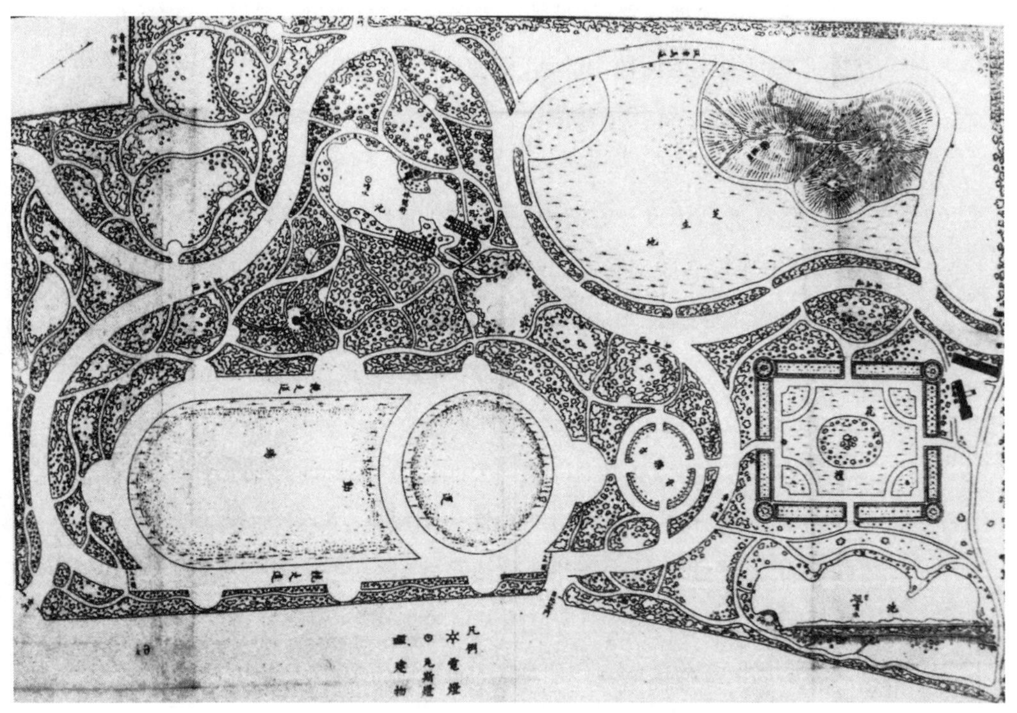

图2-2A 日本最早的综合公园——日比谷公园
（图片来源：『日本公園百年史』）

图2-2B 日比谷公园喷泉(作者摄)

二 公园的系统化发展

1912年至1925年,日本进入了大正时期,知识分子和行政机构开始系统地介绍欧美城市规划思想。从明治末期到大正初期,出现了一些研究西方城市规划理论和思想的著作和译著,如内务省1907年所编写的《田园都市》、河上肇于1808年所写的《田园都市建设论》、三宅磐于1908年所写的《都市研究》、横井时敬于1913年所写的《都市和田舍》等。这个时候也出现了比较全面地介绍公园系统规划理论方面的书籍和文章。1916年,片冈安在《现代都市之研究》中首次介绍了美国的城市公园系统。在书中,片冈安将公园系统、林荫道对于城市的意义和作用做了详细的论述。他还认为,公园系统规划应该是城市规划的组成部分。同时,留学美国哈佛大学的武居高四郎在《都市公论》上发表了《都市公园计画》一文,介绍了波士顿和堪萨斯城的公园系统。1920年,折下吉延从欧洲视察回国,开设演讲会,以“都市公园计画”为题,宣传公园系统的优点。

受公园系统思想的影响,日本城市内最先建成的林荫道是明治神宫内外苑的联络大街。明治神宫是1920年为纪念明治天皇和皇太后建成的神社，总面积120公顷，分为内苑和外苑。内苑为神社部分，外苑建设有圣德纪念绘画馆，体育场、草坪，成为公众可以利用的开敞空间。明治神宫内外苑联络大街的建设规划是由东京市区改正委员会提出，1920年都市计画东京地方委员会进行了第二次规划（图2–3）。设计者正是从欧美视察回国，并且正在大力宣扬公园系统优点的折下吉延。他将原来设计的宽23米的大街改为宽36米、中间为马车道、两侧为行道树和人行道的林荫大道（图2–4）。该大街于1928年竣工，1929年被指定为风致地区。

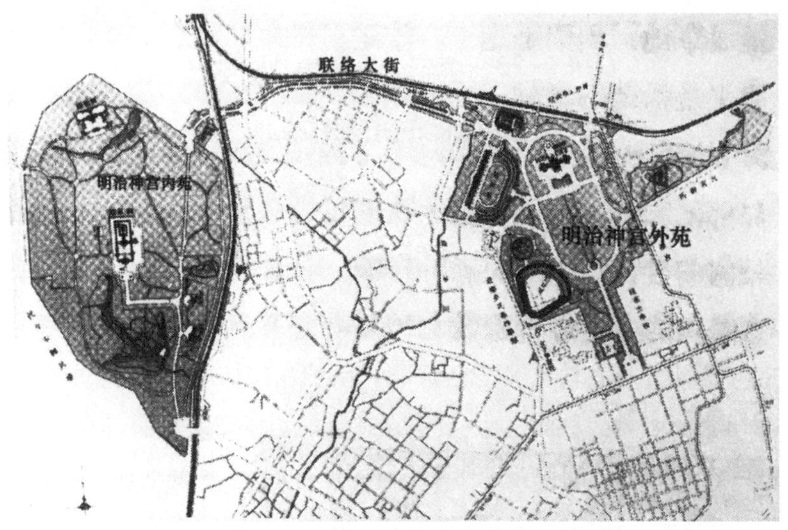

图2–3 明治神宫内外苑联络大街
（图片来源：『都市と緑地』，经过作者改绘）

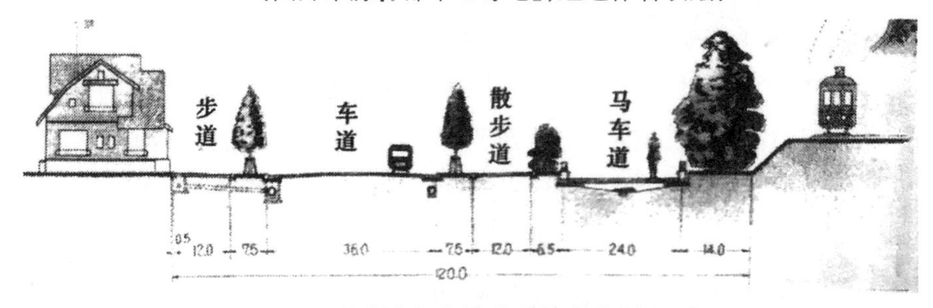

图2–4 明治神宫内外苑联络大街剖面图
（图片来源：『都市と緑地』，经过作者改绘）

1919年，都市计画课制定了《都市计画法》和《市街地建筑物法》，同年11月公布了这两个法案，并于1920年9月1日开始实施。在公园绿地方面，《都市计画法》理顺了公园规划和城市规划的关系，即公园规划应该以城市规划为基础。另外，《都市计画法》为全国性的公园建设提供了法律依据，并且通过采用土地区划整理制度，将实施面积的3%保留为公园用地，促进了大量小公园的产生。

东京地方委员会是负责东京城市规划调查的机关。该委员会参照市区改正设计中的公园规划，制定了东京第一个公园规划标准——《东京公园计画书》。该计画书提出以东京站为中心，24千米范围内的区域作为公园配置圈，公园总面积为城市规划区域总面积的十分之一。公园细分为儿童公园、近邻公园、运动公园、都市公园、道路公园和自然公园，通过道路公园将分散的公园连接成组团公园，再将其连接成公园系统。公园系统与环状和放射状的道路系统相结合。各类公园的面积与配置标准见表2-2。

表2-2 《东京公园计画书》中各类公园的面积与配置标准

<table>
<tr><th></th><th>总面积</th><th>人均面积</th><th>单个公园
面积标准</th><th>服务半径</th></tr>
<tr><td>儿童公园</td><td>104.4万坪</td><td>0.15坪</td><td>2 000坪</td><td>市内四个街区以内、近郊区六个街区以内、远郊区九个街区以内</td></tr>
<tr><td>近邻公园</td><td>140万坪</td><td>人均0.20坪</td><td>8 000坪</td><td>市内六个街区以内、近郊区九个街区以内、远郊区十二个街区以内</td></tr>
<tr><td>运动公园</td><td>110万坪</td><td>0.16坪</td><td>1万坪</td><td>通行时间30分钟以内</td></tr>
<tr><td>都市公园</td><td rowspan="2">1 000万坪</td><td rowspan="2">0.20坪</td><td rowspan="2">5万坪</td><td rowspan="2">—</td></tr>
<tr><td>道路公园</td></tr>
<tr><td>自然公园</td><td>1 000万坪</td><td>1.44坪</td><td>—</td><td>—</td></tr>
</table>

《东京公园计画书》大量引用和分析了当时各国最新的公园规划

资料，在日本率先将公园按照功能进行分类，并且制定了人均公园的面积标准，具有重要的历史意义。但是，该规划还没有来得及实现，便因为关东大地震的发生而半途而废。

1923年9月1日，日本关东地区发生了强烈的大地震，东京、横滨两市受到重大破坏。东京230万人口中，受灾者达148万人，受灾面积为市区的43%，倒塌房屋22.5万栋，当时东京市区共有公园28处，这些公园和广场、河边空地成为地震时的避难地。据统计，地震发生时的两天之内，在公园、广场避难的人数达到157万，占市区人口的一半以上。其中，上野公园避难人数为50万，芝公园避难人数为20万，日比谷公园避难人数为15万，浅草公园避难人数为10万，小石川植物园避难人数为8万，牛渊公园和富士见町公园避难人数为5.6万。另外，从地震后火灾蔓延的情况看，上野公园、小石川植物园、汤岛切大街、富士见町公园、不忍池等公园、广场和河川等开放空间有效地阻隔了火势的蔓延，公园绿地的防灾效果开始引起人们的重视。

大地震后日本设置了首都复兴院（本名为帝都复兴院），全权负责灾后的重建工作。首都复兴院聘请了美国城市规划师 Charles A. Beerd。Charles A. Beerd 向首都复兴院总裁后藤新平伯建议：宽阔的道路和在密度高的居住区内设置大量的小公园与安全带，可以更有效地防止火灾。在1923年底首都复兴院的会议上，本多静六也提议：对已经设置的公园重新整治，另外建设新的公园，将各种规模的公园和道路系统有机联系起来，使全市的公园形成一个整体；各类公园和公园间的联络道路的规划设计既要能够满足市民平时体育和休闲活动的需要，又要满足非常时刻安全和避难的要求。在随后召开的首都复兴院评议会上，复兴院副总裁宫尾舜治也建议适当地扩大受灾区域的小学校用地面积，在学校用地内和其他公有地范围内尽可能地建设公园。通过建设公园系统来加强城市防灾功能的意见逐渐在首都复兴院达成共识。

同年末，首都复兴院理事会提出了灾后重建规划方案。从规划图中可以看出，该方案充分反映了公园系统化的意图（图2-5）。该方案在公园规划方面的主要内容为：在受灾区扩建和新建都市公园8处（分别为后乐公园、浅草公园、江东公园、御藏横網公园、洲崎公园、清住公园、隅田公园、御茶水公园，总面积237公顷），近邻公园15处（59公顷），儿童公园80处（33公顷）；通过大街（51—73米宽）和干线大街（33—43米宽）的道路将公园连接起来；受灾区公园规划面积为330公顷，人均目标为1.8平方米。方案总预算额为1.1亿日元。

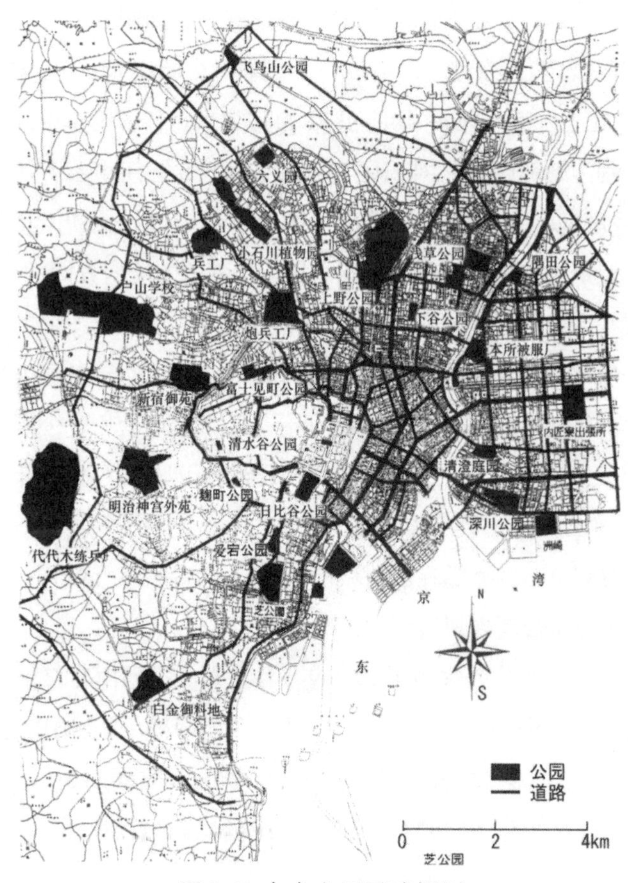

图2-5 东京灾后重建规划
（图片来源：『都市と緑地』，经过作者改绘）

然而，由于财政困难，预算被大幅度削减，最后的公园预算仅仅为1 010万日元。东京和横滨根据《都市计画法》第十六条的规定建成了六大复兴公园，另外，由于震灾后《都市计画法》中土地区划整理制度的实施，东京还建成了52处小公园。

东京建设的大复兴公园是滨町公园、隅田公园、锦丝公园，均配置在人口稠密的居住区内。横滨市原本规划了6处复兴大公园，最后因财政问题，只建成了3处，分别是山下公园(7.3公顷)、野毛山公园(7.3公顷)、神奈川公园(1.3公顷)。

按照当时施行的《都市计画法》土地区划整理制度中关于公园用地保留的规定，东京地方政府取得了足够的公园用地，在受灾区域建设了52处小公园，公园平均面积3 000平方米。各个区建设的小公园数目分别为鞠町区1处、神田区7处、日本桥区5处、京桥区6处、芝区2处、本乡区2处、下谷区5处、浅草区10处、本所区8处、深川区6处。公园的配置基本上采用了复兴院副总裁宫尾舜治的规划意图，即公园尽量设置在受灾区各个小学校相邻的地带，这样，小公园不仅可以作为公众一般的休闲娱乐地，还能够用作小学校的运动场，以解决当时学校用地不足的问题，在受灾时又能够作为避难场所使用。公园作为城市开敞空间的复合功能得到开发，小公园对于城市的多种价值被发掘，在公园规划史上具有重要的意义。

随着《都市计画法》在其他城市的推广，名古屋市、富山市、大阪市也相继进行了公园规划。

名古屋市的公园规划于1926年1月公布。规划内容仅仅是大公园规划，人均公园面积约4.3平方米，主要公园面积在3公顷以上，规划公园25处，总面积520公顷(包括2处现存的公园)(图2-6)。然而，该规划没有完全实施，到1937年，实施面积减少到141公顷。

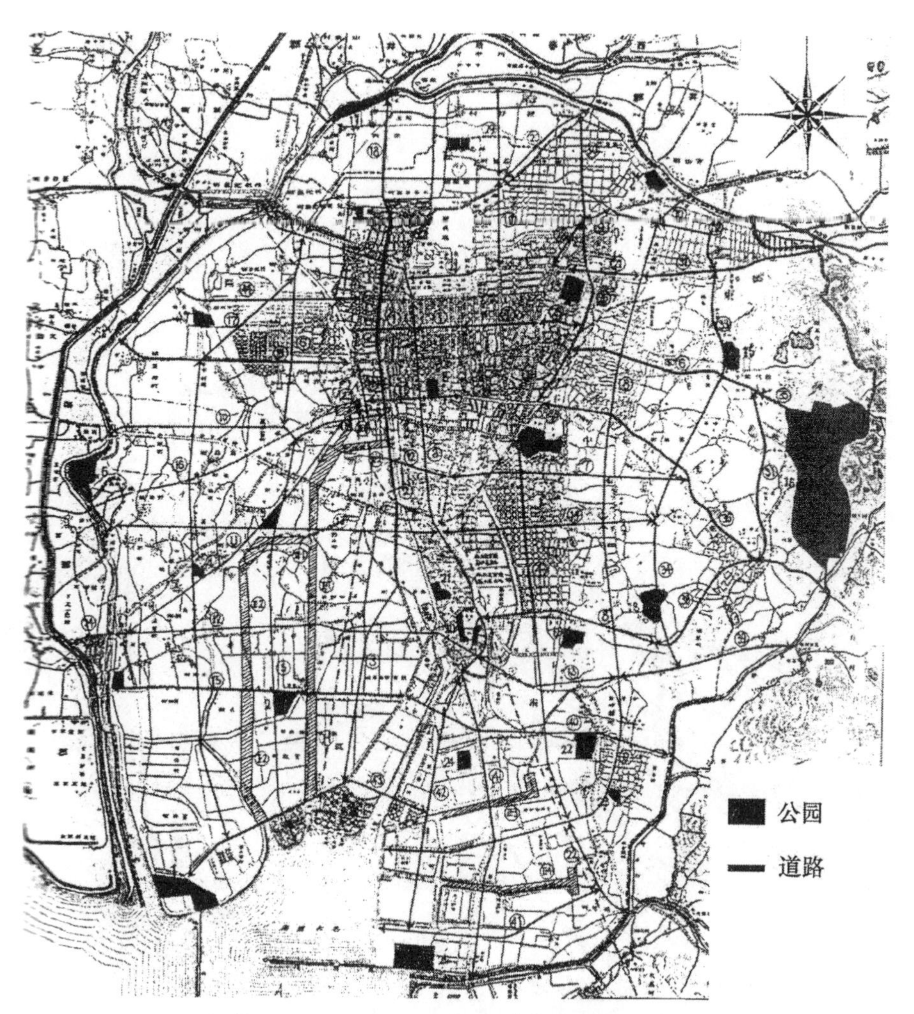

图2-6 名古屋公园规划(图片来源:《国外城市绿地系统规划》)

1925年大阪市市域扩张时,制定了第一次大阪市城市规划,其中公园规划面积达140公顷,预算为1 977万日元。大阪市第二次城市规划是于1928年颁布的,规划了大公园33处(456公顷),小公园13处(7.85公顷),公园路10条(总长度20千米),公园总预算为3 375万日元(图2-7)。由于《都市计画法》中土地区化整理制度的实施,到1937年建成公园55处,面积109.8公顷(根据1937年《大阪市公园要览》)。

1939年新规划了总面积144公顷的公园84处,其中包括8处大公园和76处小公园。

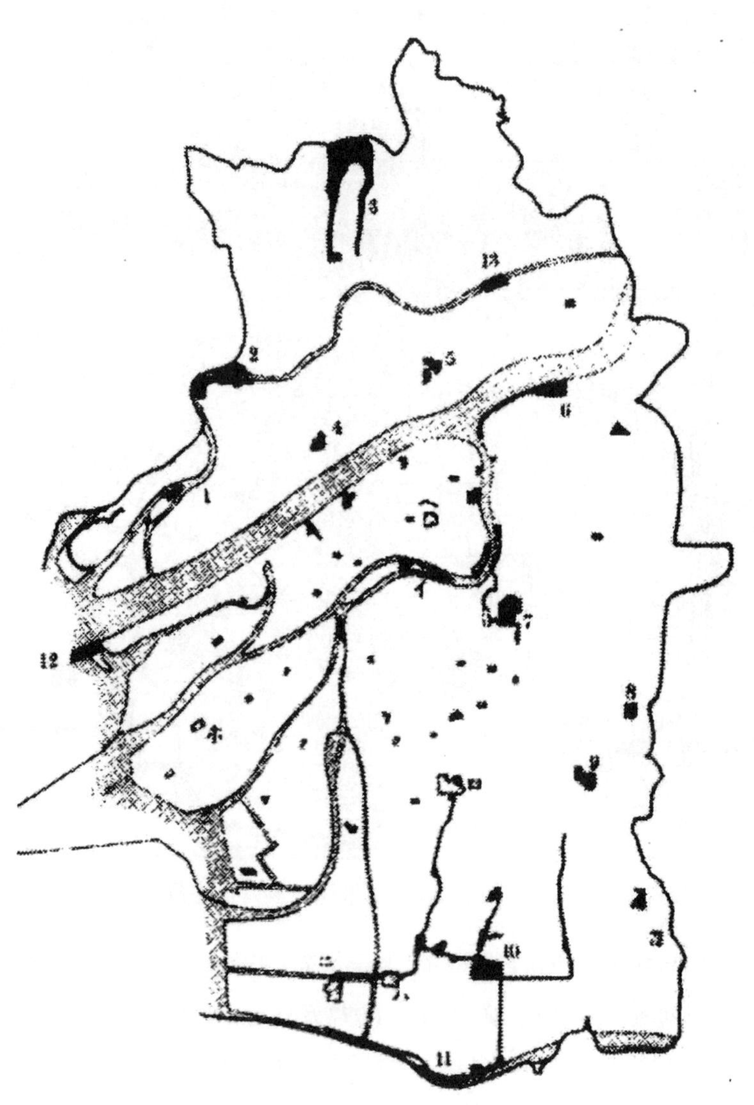

图2-7 1928年大阪公园规划
(图片来源:《国外城市绿地系统规划》)

虽然进行公园规划的城市越来越多，但是因为没有一个全国统一的规划标准，出现了规划不合理、实际操作性差等问题。1933年，公园规划的标准和“土地区画整理设计”“风致地区决议”等其他的城市规划标准一起颁布，确定了公园的种类、面积、使用目的和服务半径等（表2-3）。另外，该标准还确定了配置要求、公园内设备标准、公园道路的宽度等。

表2-3　1933年公园标准

<table>
<tr><th colspan="3">种类</th><th>面积（公顷）</th><th>使用目的</th><th>服务半径</th></tr>
<tr><td rowspan="3">大公园</td><td colspan="2">普通公园</td><td rowspan="3">10公顷以上</td><td>游戏、运动、观赏和教育</td><td>2千米</td></tr>
<tr><td colspan="2">运动公园</td><td>以运动为主</td><td>30分钟距离圈</td></tr>
<tr><td colspan="2">自然公园</td><td>欣赏自然风光、游赏</td><td>60分钟距离圈</td></tr>
<tr><td rowspan="4">小公园</td><td colspan="2">近邻公园</td><td>2—5公顷</td><td>居民的日常休闲娱乐</td><td>0.6—1.5千米</td></tr>
<tr><td rowspan="3">儿童公园</td><td>少年公园</td><td>0.6—0.8公顷</td><td>14岁、15岁以下儿童的娱乐、运动</td><td>0.6—0.8千米</td></tr>
<tr><td>幼年公园</td><td>0.3—0.5公顷</td><td>11岁、12岁以下儿童的娱乐、运动</td><td>0.5—0.7千米</td></tr>
<tr><td>幼儿公园</td><td>0.03—0.2公顷</td><td>学龄前儿童的娱乐、运动</td><td>0.25—0.5千米</td></tr>
</table>

三　近代绿地规划的发展

日本绿地概念的形成与“自由空地论”的传播有密切的关系。1921年，城市规划师池田宏将法语的“espace libre”翻译为“自由空地”，并做了以下定义：“所谓自由空地，指建筑用地以外的空地和没有被建筑物覆盖的空地，包括公园、广场、运动场、植物园，以及根据法律规定，建筑用地内建筑物周围应该保留的空地。”按池田宏的说法，自由空地主要指城市空间中的非建筑空间，一般人可以自由使用的空地。从这个意义上讲，自由空地与开放空间（Open Space）的概念基本类似。

霍华德提出的“田园城市”（Garden City）理论在20世纪上半期传入日本，极大地推动了日本规划界和行政当局对于自由空地在城市中的重要性的认识。最先对田园城市理论进行系统介绍的是内务省编著的《田园都市》一书，书中对田园城市的概念做了以下概括：田园城市是人口规模不大、能够提供足够而且丰富的生活和工作、永久性保留的农业地带所包围的城市，永久性的开放空间——农业地带是田园城市必不可少的构成要素之一。1924年，国际田园城市规划协会在荷兰阿姆斯特丹召开国际城市规划会议，通过了“阿姆斯特丹宣言”，其中第三条写道：为了防止建筑物无限制地蔓延和膨胀，有必要在城区周围配置用于农业、畜牧、园艺的绿地带。宣言强调了大城市周围设置绿地带对于引导城市发展的重要性，其后，绿地带的概念和作用经由参加会议的日本代表团传到了日本，对后来日本的绿地规划产生了深远的影响。

1933年公布的“风致地区决议”是绿地保护思想在城市规划法规上的具体体现。所谓风致地区，是指对那些具有良好的自然资源和历史资源的地区划定保护范围，规定范围内该地区的建筑物建设、土地性质和形体的变更、竹木土石的采集行为必须得到地方长官和内务大臣的许可，通过对开发行为进行控制来达到资源保护的目的。风致地区和具体的控制内容根据各个地方的实际情况由地方政府制定，一般包括建筑物高度、建筑密度、后退红线等控制性标准。风致地区大概可以划分为以下几种类型：①城市内的高地、坡地等自然要素较完整，或者远离市区的水乡等；②历史上的游览胜地；③有利于提高整个地区利用价值的土地，如高级住宅区、郊外别墅区、滨水区、公园路等；④具有历史意义的土地。

第一批被指定的风致地区，是明治神宫内外苑联络道、京都市、东京市多摩御陵等，随后，为了保护自然喷泉和水乡景观指定了江户川、善福寺一带。1931年指定了横须贺市的塚山、大楠山、浦贺半岛等。1933年，为了保护东京郊外武藏野的景观，将多摩川、和田崛、野方、大泉指定为风致地区。

东京以外，水户、静冈、清水、富山、大阪等地先后指定了风致地区。到20世纪末，先后有108处城市指定了风致地区，面积达8.5万公顷。

东京绿地规划协议会于1939年制定了东京绿地规划。该规划包含了40处大公园（其中普通公园和运动公园分别为19处，自然公园2处，总面积1 681公顷）、591处小公园（近邻公园98处，儿童公园493处，总面积674公顷）、3处游园地（54公顷）、37处景园地（289 143公顷）、180条行乐道路（长度3 883千米）、116处公开绿地（51 540公顷）、26处共用绿地（118 921公顷）。

另外，为了防止城市规模无限制地扩大，在东京市域外围规划了环状绿地带。这条绿带面积13 623公顷，宽幅1—2千米，长度72千米，呈楔状深入市区中心，以山林、原野、低湿地、丘陵、滨水区、耕地、村落为主要组成部分，同时包含了公园、运动场、农林试验场、游园地等设施。（图2-8）

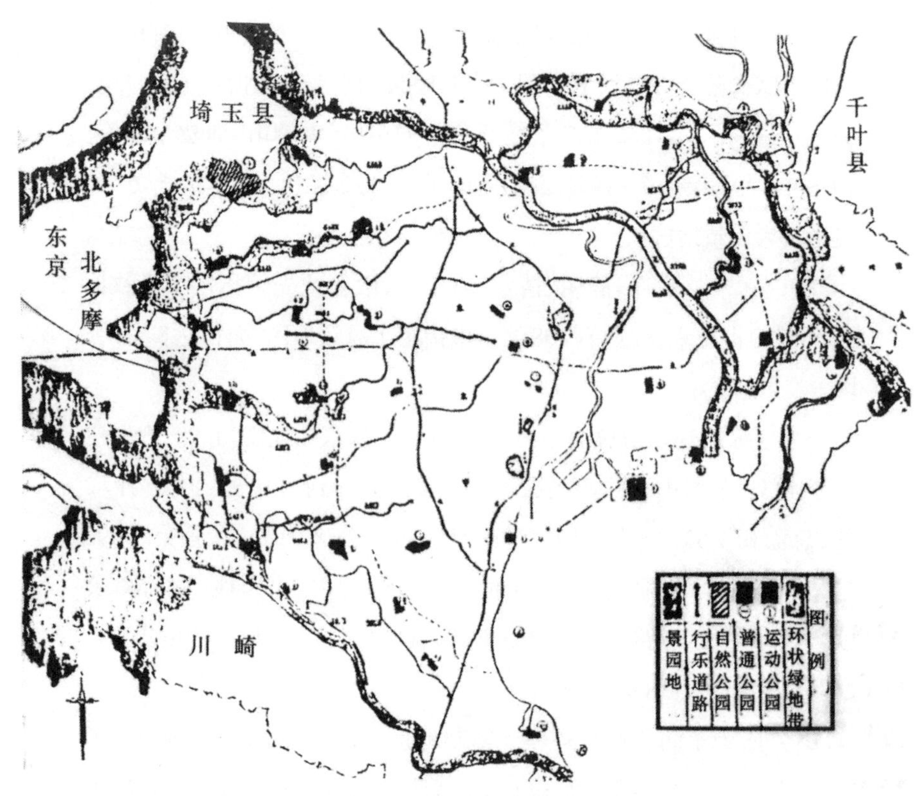

图2-8 东京区域绿地规划(图片来源:『日本公園百年史』)

东京绿地规划方案确定后,作为实施的第一步,东京在以东京车站为圆心、半径20千米的环状绿地带规划范围内设置了六大绿地。六大绿地分别为砧(81公顷)、神代(71公顷)、小金井(91公顷)、舍人(101公顷)、水元(169公顷)、筱崎(124公顷),相互间隔4—8千米。六大绿地用于日常的运动、休闲、体育、教育、野外军事训练等。

四 战后的绿地规划与公园建设

1956年,为了完善公园法律体系,公布了以城市规划范围内的公园绿地为对象的《都市公园法》。《都市公园法》成为日本公园绿地的基本法律之一，基于该法律而设置和运营的公园称为“都市公园”。

《都市公园法》的主要内容为：确定都市公园的配置、规模、设施等技术性的标准；确定公园用地内的建筑密度为2%，运动设施用地面积不得超过公园面积的50%；制定都市公园管理和运营方法；赋予公园管理者以制作、收集、更新、保存关于公园的各种资料的义务；明确国家提供公园的建设资金（全部或者一部分）；确定都市公园人均面积为6平方米等。1976年，《都市公园法》修订，设计方针和配置模式图也一起公布（图2-9）。

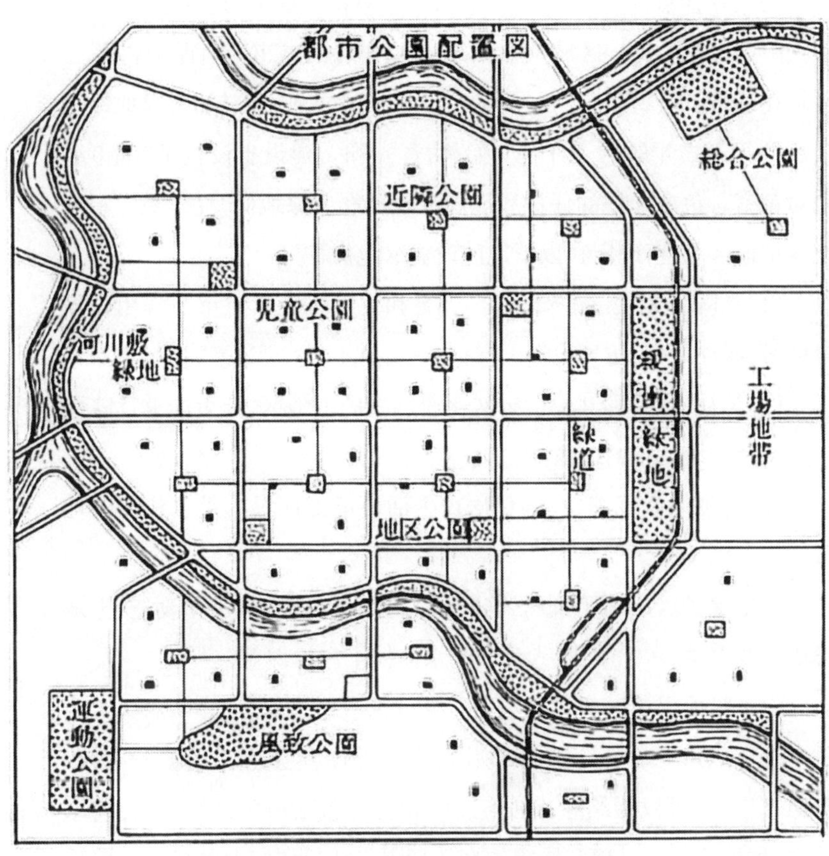

图2-9《都市公园法》中的绿地配置模式
（图片来源：『日本公園百年史』）

《都市公园法》确定的公园绿地范围仅仅为地方政府设置的公园绿地，所有权和经营权属于各级政府，因此不包括其他的民间所有绿地和开放空间。随着20世纪60年代经济飞速发展，城市人口和产业规模迅速扩大，日本的城市绿地受到大量侵占，并且引起城市环境日益恶化。这就从客观上要求政府将绿地建设的范围扩大到都市公园体系以外的绿地，并且对城市范围内的各类绿地进行总体保护。

1966年公布的《首都圈近郊绿地保全法》和随后公布的《关于近畿圈保护区域的整治法律》是针对东京都市圈和大阪都市圈的绿地保护方面的法令，但是保护制度仅仅局限在东京都市圈的“近郊整备地带”和大阪都市圈的保护区域内施行，缺少全国性的城市绿地保护制度。

在这种社会背景下，1973年6月，日本国会通过了《都市绿地保全法》，并于第二年的11月1日开始施行。同时，建设省设置了“都市绿地对策室”，负责绿地的保护和规划行政。《都市绿地保全法》规定了绿地保护地区制度，确定在以下地区设置绿地保护区：

（1）在防止无秩序的城市化、公害和灾害方面具有重要作用的隔离地带、缓冲地带、防灾地带。

（2）神社、寺院和其他历史文化遗迹的周围地区，或者能够反映风俗习惯和传统文化的地区。

（3）自然风景优美，在确保居民生活环境方面具有重要作用的地区。

绿地保护区内对下列行为进行控制：建筑物的新建和改造、土地形质的变更、树木的砍伐、人为性的水体抽干和填埋等。

除了绿地保护区的设置规定以外，《都市绿地保全法》从居民绿化的主观意识角度出发，规定了绿化协定的设置事项。即土地所有者在自愿基础上，可以缔结绿化协定。绿化协定包括协定区域、绿化树木种类、种植地点等事项和协定的有效期限与违反协定时的措施。绿化协定需要经过行政长官的认可才能生效。

第二次世界大战结束后，日本皇室逐渐将其拥有的苑地委托给地方政府或者国家级行政机关管理，并且向公众开放。如位于东京的浜离宫委托给东京都政府，箱根元离宫委托给神奈川县，武库离宫委托给兵库县(注:“离宫”为日本皇室郊外的休闲场所)。原来的皇室苑地不再被当作日本皇室的私有财产，而是成为国有财产——“国民的公园”。其中以以下四大皇室御苑的开放最为有名。

1.新宿御苑

新宿御苑原来是信州高远藩主内藤氏的领地，内藤氏在此处修建别墅，并且建造了传统式的园林——玉川园，曾经被整治成植物苑。从1871年开始，这里成为以研究动植物培育、养蚕制丝和试制农业器具为主要目的的农业试验场。试验场从欧美引入了大量园艺技术，在园内进行试验，一经成功便向民间普及，而且在日本率先使用了温室栽培花卉的技术，对日本近代园艺和农业的发展起到了很大的促进作用。1879年称作新宿植物御苑。1901年，新宿植物御苑的负责人福羽逸人对新宿植物御苑进行了全面改造。在他的方案中，将水田改为池塘，桑、茶园改为树林地，使新宿植物御苑成为一个面积达58公顷的法国大公园式的苑地。由于摆脱了原来主要以植物园为主的性质，改称新宿御苑(图2-10)。新宿御苑虽然已经具备了现代公园所有的硬件构成要素，但是很长一段时期内该御苑作为专门供皇室使用和举办盛大庆典活动的场所。直到1949年，新宿御苑才作为国民公园向一般民众开放。

图2-10 日本新宿御苑平面图
(图片来源:『日本公園百年史』)

2. 皇居外苑

皇居外苑位于东京都中心,原来是旧江户城的一部分。1868年,明治政府将江户城改称为东京,并将首都从京都移至此处,在该处设置广场、政府设施的基地和练兵场。1887年,根据伊藤博文的建议,在皇居外苑完全禁止建筑物,使其成为绿地。1940年,东京市政府经过皇室许可，投入巨资改造了皇居外苑的广场，基本形成了现在的模样。战争中此处一度成为高射炮阵地。战后，东京都政府继续对其进行整治，直到1947年完成，移交“厚生省”（日本的国家级行政机关，类似于我国的民政部）管理。

3. 京都御苑

京都御苑位于京都。1331年，光严天皇在该处建设居住地，后来长期荒芜，直到1569年，封建主织田信长开始对其着手进行整治。1590年，丰臣秀吉继续对其修缮。1606年，德川幕府第二代将军秀忠营建仙洞御所，第三代将军将该御苑向南北方扩建，基本形成了目前的范围。

1947年，与皇居外苑一样，京都御苑成为国家财产，移交给“厚生省”管理。目前该处成为国民公园，面积63公顷。

4. 白金御料地

白金御料地位于东京都内。明治维新之前一直是封建主松平氏的领地，后来成为军部的火药库。1913年，军部将其归还给日本皇室。战争结束后，根据新宪法，白金御料地被收归国有。

战争结束时，白金御料地一度很荒芜，范围内遗留有相当数量的植被。与其相邻的文部省教育研修所认识到该地的重要性，最先将其作为中小学生的自然观察场所。1947年，内阁通过决议将白金御料地建设成国立自然公园。第二年，该处被指定为历史遗迹，并改称为国立自然教育园。现在该园内培育有大量当地的植被。

1968年，恰逢明治维新一百周年，各类团体、各级政府均举行了纪念活动。作为纪念活动的一环，政府确定正式推动“国土绿化”工作。国土绿化工作的主要内容是促进各级政府在大城市设置“纪念森林公园”，以及在郊外设置自然公园。建设省（相当于我国的建设部）负责在城市规划区范围内设置森林公园。1967年开始建设总面积约为980公顷的10所森林公园。这10所森林公园分别是武藏丘陵森林公园

(埼玉县)、大高绿地(爱知县)、甲山森林公园(兵库县)、台原森林公园(仙台市)、富津森林公园(千业)、水元纪念公园(东京)、毛马樱宫公园(大阪市)、中央公园(广岛市)、维新百年纪念公园(山口)、中央公园(北九州市)。

从1967年开始,建设省根据《建设省设置法》,建设了武藏丘陵森林公园、国营飞鸟历史公园、淀川河川公园、海中道海滨公园、国营冲绳海洋博览会纪念公园等服务圈超过都道府县(相当于我国的直辖市和省级行政区)范围的大规模公园。这些公园由国家所设置,被称为"国营公园",当时很需要从法律上确定设置管理标准、资金预算等事项。1976年,《都市公园法》修正案通过,增加了关于国营公园的法律条款,将国营公园纳入了都市公园体系。修正案规定国营公园包括以下两类:

(1)超过都道府县范围行政范围的大规模公园绿地。

(2)作为国家纪念事业,内阁决定设置的有利于文化保护的公园绿地。

到1998年,日本全国共有16处国营公园。

尽管到70年代为止,日本已经具备了基本的公园绿地法律体系和规划体系框架,但是,与欧美先进城市相比,绿地标准较低,城市公园绿地建设速度远远跟不上经济发展的速度。为了提高绿化水平,进一步推动绿地建设事业的发展,国会于1972年通过了建设省提出的《都市公园整治紧急措施法》。该法令的核心为城市绿化的"5年计划"。"5年计划"从1972年开始实施,提出了以5年为一期的分期绿化目标,并且针对原来绿地建设资金难以解决的问题,制定了地方政府负责的财政预算措施。由于财源得到保证,极大地推动了城市绿地建设。到1996年第六个"5年计划"开始实施时,由该计划推动建设的公园达到5.4万公顷,是1972年以前的2倍。

第二节　日本的公园绿地分类

作为汉语概念的“绿地”一词由日本城市规划师北村德太郎根据德语“Grunflechen”翻译而来，指用地中的农业用地、林业用地、水浴场等被绿色植物所覆盖，或者土地性质以自然特性为主的土地。这一概念强调的是土地的自然状态（非人工化）。[①]

近代城市规划制度产生后，有学者认识到绿地对城市发展的重要性，将其作为城市用地的一个种类，从城市用地的角度对绿地概念进行了界定。比如1924年武居高四郎在《都市计画图谱》一书中，认为“绿地是被树木、植物覆盖的绿化空地，是用于市民室外休闲和起到某种保护作用的非建筑物土地，包括公园、广场、运动场、植物园、庭园、动物园、高尔夫球场、墓园、游园地、森林、水面、历史遗迹、风景名胜地等”。同年10月，日本内务省都市计画局的内部刊物《都市计画》中首次指出了绿地调查的重要性，指出绿地调查的范围应包括森林、原野、公园、运动场、竞技场、飞机场、庭园、广场、河流、湖沼、墓地等。[②]

1932年，东京市和周围的82处农村合并，成立东京府，市域面积扩大到550平方千米，人口497万。同年10月，在北村德太郎的倡导下，成立了专门研究绿地规划的组织——东京绿地规划协议会。由饭沼一省任会长，包括了都市计画课、都市计画东京地方委员会、神奈川县、东京府、埼玉县、千叶县等政府机关和城市规划、造园、土木、交通等各相关行业的学者。该协议会对“绿地”进行了定义和分类。绿地被定义为“与居住用地、交通用地、工业用地、商业用地并列的，永久性的空地”。即绿地是一种用地类型，在城市规划体系中与其他建设用

① 石川幹子：『都市と緑地』，東京：岩波書店，2001年，第234頁。

② 田代顺孝：『緑のパッチワーク』，東京：日本技術書店，1998年，第201—218頁。

地相并列,另外绿地具有永久性,用作建设预备地的空地不能被划为绿地。与以往自由空地、开放空间、非建筑用地等概念相比,这个定义强调了绿地最本质的特征——永久性,因而成为现代"绿地"概念的基础。[①]

东京绿地规划协议会将绿地分为普通绿地、生产绿地、准绿地三大类,普通绿地指直接以公众的休闲娱乐为目的的绿地,包括公园、墓苑、寺院辖地等的公开绿地、学校校园的共用绿地和游园地等。生产绿地指农林渔地区,准绿地指庭园和其他受法律保护的保存地和景园地,包括史迹名胜天然纪念物指定地、风致地区等。在分类的基础上,协议会制定了各类绿地的标准,对设施、面积、服务半径、范围等做了详细规定。

1931年,日本的《都市计画法》首次从法律角度确定绿地包括自然状态的土地、风景保护地和生产绿地,是城市建设中的必需的基础设施的一种。此后,将绿地作为与交通设施、体育设施等并列的公共设施概念一直延续下来,1995年日本公布的绿地分类中将绿地分为设施性绿地和地域制绿地两大类,其具体内容见表2-4所示。

《都市公园法》是专门针对城市公共绿地建设颁布的专项法。其中将城市内由政府所有并进行统一管理,面向公众开放的公共绿地统称为都市公园。都市公园体系包含的绿地种类见表2-5所示。

---

① 日本公園百年史刊行会:『日本公園百年史』,東京:第一法規出版株式会社,1978年,第228—229頁。

表2-4　日本绿地分类

<table>
<tr><td rowspan="6">绿地</td><td rowspan="3">设施绿地</td><td colspan="3">都市公园（《都市公园法》规定的公共绿地）</td></tr>
<tr><td rowspan="2">都市公园以外的设施绿地</td><td>公共设施性绿地</td><td>公共空地、步行者专用道路、市民农园、河川绿地、游园、运动场等</td></tr>
<tr><td>民间设施性绿地</td><td>企业、社团所有的开放空地和广场、屋顶绿化空间、民间动植物园</td></tr>
<tr><td rowspan="3">地域制绿地</td><td>法律规定的绿地</td><td colspan="2">《都市绿地保全法》规定的绿地保护区、《都市计画法》规定的风景区、《自然环境保全法》规定的自然环境保护区、《河川法》规定的滨水区、《森林法》规定的保护林区域等</td></tr>
<tr><td>协议规定的绿地</td><td colspan="2">《都市绿地保全法》中绿化协定指定的绿地</td></tr>
<tr><td>条例规定的绿地</td><td colspan="2">各类条例、协定、契约规定的绿地保护区域</td></tr>
</table>

表2-5　日本都市公园的分类

<table>
<tr><th colspan="3">种类</th><th>内容</th></tr>
<tr><td rowspan="5">基干公园</td><td rowspan="3">住区基干公园</td><td>街区公园</td><td>主要供街区居住者利用，服务半径250米，标准面积0.25公顷</td></tr>
<tr><td>近邻公园</td><td>主要供邻里单位内居住者利用，服务半径500米，标准面积2公顷</td></tr>
<tr><td>地区公园</td><td>主要供徒步圈内居住者利用，服务半径1千米，标准面积4公顷</td></tr>
<tr><td rowspan="2">都市基干公园</td><td>综合公园</td><td>主要功能为满足城市居民综合利用的需要，标准面积10—50公顷，服务半径为全市</td></tr>
<tr><td>运动公园</td><td>主要功能为向城市居民提供体育运动场所，标准面积15—75公顷，服务半径为全市</td></tr>
<tr><td colspan="3">特殊公园</td><td>风致公园、动植物公园、历史公园、墓园</td></tr>
<tr><td colspan="2" rowspan="2">大规模公园</td><td>广域公园</td><td>主要功能为满足跨行政区的休闲需要，标准面积50公顷以上</td></tr>
<tr><td>休闲都市</td><td>以满足大城市和都市圈内的休闲需要为目的，根据城市规划，以自然环境良好的地域为主体，包括核心性大公园和各种休闲设施的地域综合体，标准面积1 000公顷以上</td></tr>
</table>

续表

种类	内容
国营公园	服务半径超过县一级行政区、由国家设置的大规模公园,标准面积300公顷以上
缓冲绿地	主要功能为防止环境公害和自然灾害和减少灾害损失,一般配置在公害、灾害的发生地和居住用地、商业用地之间的必要隔离处
都市绿地	主要功能为保护和改善城市自然环境,形成良好的城市景观。标准面积0.1公顷以上,城市中心区不低于0.05公顷
都市林	以动植物生存地保护为目的的都市公园
绿道	主要功能为确保避难道路、保护城市生活安全。以连接邻里单位的林带和非机动车道为主体。标准宽幅为10—20米
广场公园	主要功能为改善景观、为周围设施利用者提供休息场所

第三节　日本绿地规划与保护

日本的绿地规划体系由“绿地总体计画”和“绿地基本计画”两种目标和内容的规划组成。“绿地总体计画”由各都道府县(相当于我国的省、直辖市)政府主持编制,以城市绿地和其他开敞空间的综合性建设和保护为主要目标,设定分期建设目标,确定绿地配置方案和目标实现的措施与方针,其重点在于规划上和制度上确保绿地建设和保护。“绿地总体计画”要点主要包括以下内容:

(1)规划基本方针:明确绿地总体规划对于城市发展和建设的意义和课题,确定具有城市本地特色的绿地整治和保护的基本方针。

(2)公园绿地建设目标:①绿地数量上的建设目标:绿地面积(包括在城市化区域周围部规划的、与城市内部绿地具有较强联系的绿地)应该占城市化区域面积的30%以上。②都市公园的建设目标:原则上人均面积20平方米以上;居住区的人均住区基干公园面积4平方米以上,人均都市基干公园面积2.5平方米以上;同时根据规划确定绿道、缓冲绿地等的建设目标。

(3)绿地的配置:为了保护和建设良好的生活环境,充分发挥绿地的各种功能,在确保能够达到建设目标的基础上确定绿地配置形态。因此,以现状调查为基础,从环境保护、休闲、防灾、城市景观构成四个方面分析、评价绿地,然后根据分析和评价的结果设定绿地的配置形态。通过各个绿地系统的具体配置方式的不断探讨和相互间的调整,将各类绿地连成紧密的有机整体进行配置。绿地的配置包括四个系统:第一为环境保护系统,包括小规模绿地的、有特色的景观,通过与大自然的调和对人类社会的成长发挥重要支撑作用的绿地系统;第二为休闲系统,即满足多样化的休闲需求,以适应日常和周末的休闲活动为主要功能的绿地系统;第三为防灾系统,即能够防止灾害或者确保避难通路、避难所，缓和城市公害的绿地系统；第四为景观构成系统，即构成城市良好景观的绿地系统。

(4)实施方针：对于配置规划中设置的绿地，确定以建设和保护这些绿地为目的的政策基本方针。比如，对于城市内的公园绿地和绿地保护区、风致地区等，尽量运用城市规划手段，制定从制度上确保绿地永久性的政策方针。

"绿地基本计画"是在"绿地总体计画"的基础上，进一步综合考虑公共和公益设施绿化、绿化协定、市民参与等非规划性政策等因素，包括绿化推进措施和绿化运动等更为综合性的规划。绿地基本计画与绿地总体规划相辅相成，在继承了绿地总体计画内容的基础上，增加了关于绿化的事项。绿地基本计画主要内容包括：①确定绿地保护和绿化目标；②确定绿地保护和绿化推进的政策措施；③确定绿地配置方式；④根据《都市绿地保全法》实施绿地保护区制度的地区。通过政府协定，根据绿地保护区的特性，确定由于绿地保护的设施(防止滑坡塌方的设施、散步路、休息所等)；⑤在充分调查的基础上，确定重点绿化地区和绿化措施。重点绿化地区包括绿地缺乏的居住区、新形成的城市、风致地区范围内的城区等。[①]

"绿地总体计画"的实施范围为城市规划区，由各都道府县政府主持编制。绿地基本计画的施行区域则包含了具有城市规划区的市町村(相当于我国的市、县、镇)，由各个市町村政府分别编制。根据日本《都市计画法》，绿地基本计画应该符合市町村的总体规划要求，适应各个阶段的人口规模。随着绿地基本计画制度的创立，绿地总体计画中关于市町村的内容，与市町村所确定的都市绿化推进计划一样，逐渐由绿地基本计画所取代。

日本的绿地保护大部分是通过地域制绿地的设置进行的。除了

---

① なぎの良明：『都市レベルの公園緑地計画』，日本造園学会編『ランドスケープの計画』，東京：技报堂，1998年，第111—117頁。

《都市公园法》中的都市公园和其他一些具有特殊意义的绿地(如湿地保护区、森林),基本上是由地域制绿地构成。所谓地域制绿地,是指通过制定法律法规对某一地区范围内的特定行为进行控制或者限制,来达到绿地保护的地区(表2-6)。

表2-6 日本绿地保护体系内容

实施绿地保护的地区	法律法规	地区范围	控制内容
景观地区	《都市计画法》	城市规划区内丘陵、树林、滨水区等自然要素丰富的地区	建筑物和居住地的建设许可制(以建筑密度控制为核心)
绿地保护区	《都市绿地保全法》	防止无秩序地城市化和公害、灾害蔓延的隔断性绿地; 神社、遗迹内和周围具有历史传统意义的绿地; 景观优美的地区; 动植物生存地	以冻结土地现状为主,同时包括损失赔偿、购买绿地等措施
生产绿地地区	《生产绿地法》	城市化区域内的农地	区域内禁止农林渔业以外的行为
历史性的风土保存区域和特别保存区域	《古都历史风土特别措施法》	包括历史性建筑物、遗迹和周围一体化的环境,并且能够体现出古都传统文化的土地以及其中的重要地区	需要对区域范围内的行为履行申请程序;特别保存区域内采取冻结土地利用现状的方法,并附带由此造成的损失赔偿措施
近郊绿地保护区和特别保护区	《首都圈近郊绿地保全法》和《近畿圈保护区整治法》	东京圈、大阪圈范围内有助于防止城市化无秩序蔓延的绿地,以及其中的重要地区	需要对区域范围内的行为履行申请程序;特别保护区内采取冻结土地利用现状的方法,并附带由此造成的损失赔偿措施

第四节　绿地与防灾

一　防灾对策的组成

日本地处环太平洋火山带西缘，全国火山270余座，其中活火山有80座左右，由此导致地震等地质灾害频繁发生。1923年9月1日，日本关东地区发生里氏7.9级强震，东京、横滨两市受到重大破坏，死亡10万人，东京受灾者达148万人，受灾面积为市区的43%，倒塌房屋22.5万栋。1993年1月15日北海道钏路市发生7.5级地震，同年7月12日北海道奥尻岛发生7.8级地震，1994年10月4日钏路市又发生7.9级地震。1995年1月17日阪神、淡路地区发生里氏7.2级的“城市直下型”地震，死亡6 398人，失踪3人，负伤40 073人。

经过多次地震和灾后重建工作，日本认识到防灾不仅是空间规划和建筑的问题，而且更多地涉及整个社会的防灾体制。因此，其防灾对策主要由以下几个部分组成：首先，进行灾害危险性评价，并进行公示和公告，明确基本课题、理念和防灾的方针；其次，制定区域防灾规划和城市防灾规划，最后根据规划实施防灾系统的建设。城市总体规划中必须包含城市防灾规划的内容。[①]（图2-11）

① 糸谷正俊：『都市防災とランドスケープ計画』，日本造園学会編『ランドスケープの計画』，東京：技报堂，1998年，第75—82頁。

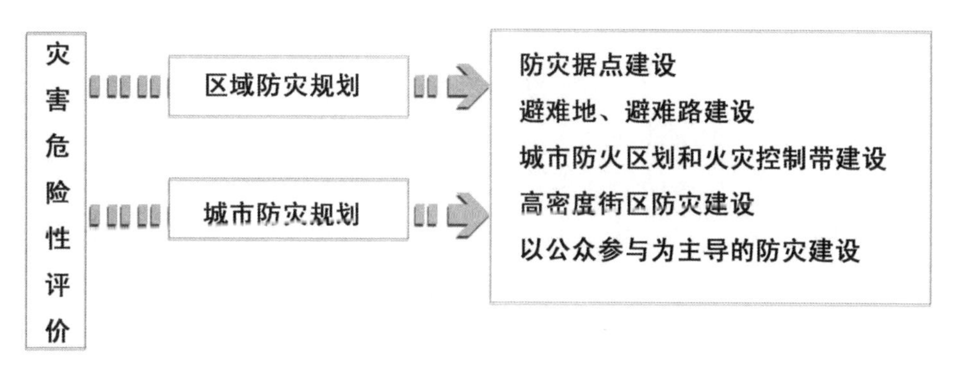

图2-11 日本防灾对策构成

二 灾害危险性评价

灾害危险性评价是建设防灾城市的重要指标,作为防灾对策体系的首要部分,其目的是确定最可能受灾和具有潜在危险性的地区,根据评价结果,进一步明确需要紧急建设和改造的设施。

日本的灾害危险性评价根据城市状况确定评价的项目、指标和方法,一般分为城市总体评价和街区评价两个层次。总体评价是根据主要道路网、公园等设施的分布情况对城市总体的易燃性和避难难易程度进行评价。街区评价主要针对建筑物的方位、街区道路等状况,评价避难、消防活动的难易程度。(图2-12)

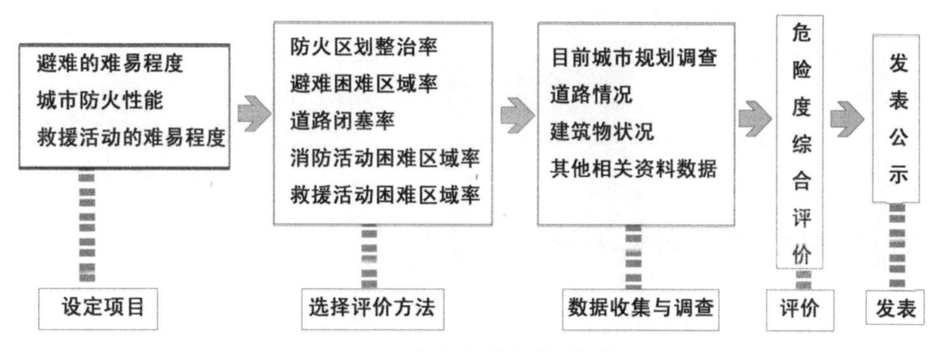

图2-12 灾害危险性评价过程

三 防灾设施配置

从阪神、淡路大地震后居民避难的经验看，城市道路、公园绿地等开敞空间不仅成为最主要的避难通道和据点，还发挥了控制火灾蔓延的防火线作用。因此，将开敞空间作为基本防灾设施进行统一的配置，是提高城市抗灾能力的主要途径。

防灾设施系统包括避难地、避难路、防灾据点和防灾中心(图2-13)。避难地依托公园绿地、广场等拥有一定面积的点状开敞空间进行规划，是地震时居民的移动目的地。避难路则依托绿道、城市道路进行网络化配置，是确保居民到达避难地的通道。防灾据点是震灾时发挥消防、救援、集合、信息传达功能的空地，有时候与避难地合并。防灾中心则是指挥防灾救援的中枢机构。

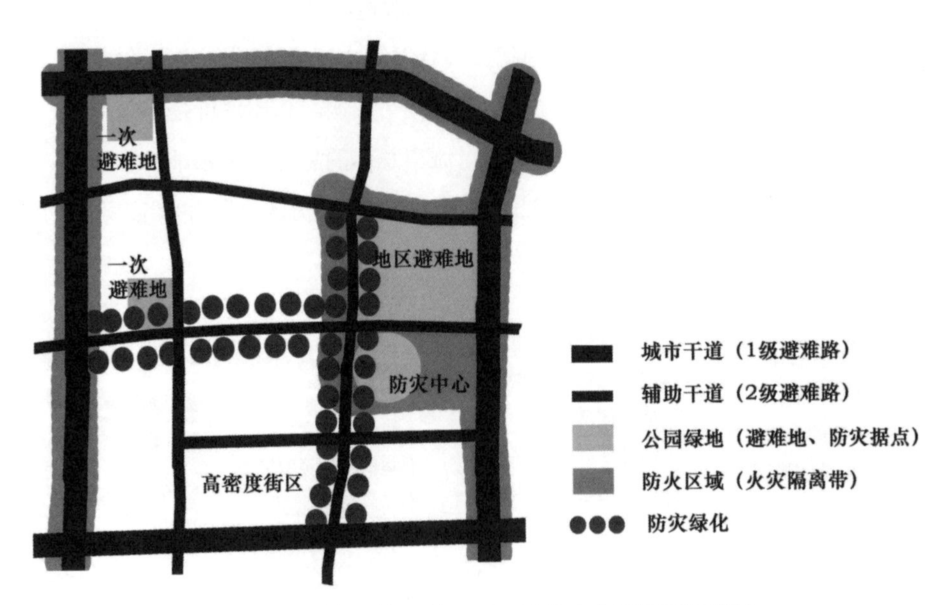

图2-13 防灾设施系统配置图(作者根据资料重绘)

危险性较高的高密度建筑街区内，避难地和避难路必须实施建筑非燃烧化，以确保避难群众的安全。道路、河流、湖泊、公园绿地、绿道、非燃烧性建筑共同构成火灾蔓延隔离带，形成防火区划，以最大限度地降低地震后火灾的危害。

四　旧城区防灾

旧城区人口稠密，缺少避难地和避难路，建筑老化现象严重且抗震标准低，是城市抗灾能力最为低下的部分，也是最容易造成重大伤亡的地方。旧城改造，前期主要根据“城市防灾综合推进事业”和“建筑物改造促进事业”，通过物权转换和税收引导等诱导措施，进而推行“土地区划整理事业”“防灾街区整治事业”分阶段地建设公园等防灾体系[①]（图2-14）。

① 日本国土交通省都市防灾对策室：http://www.mlit.go.jp/crd/city/sigaiti/tobou/gaiyo.htm，2008年10月25日访问。

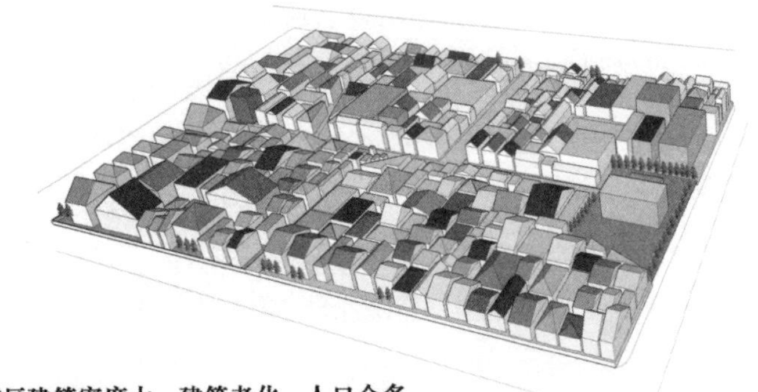

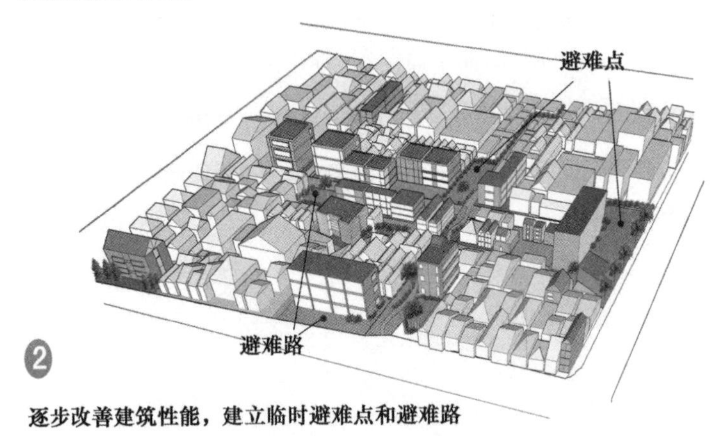

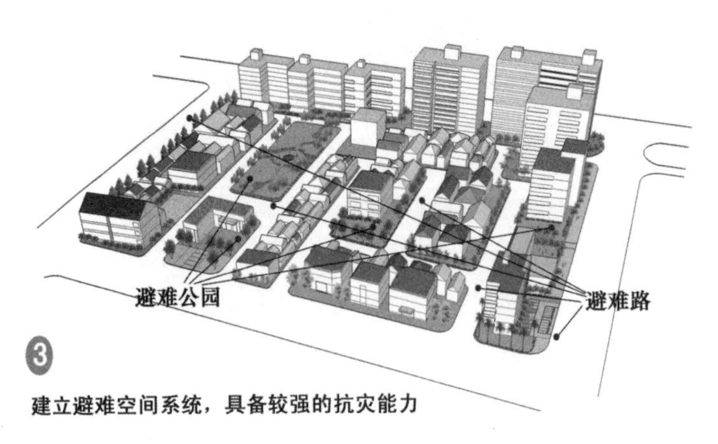

图2-14 旧城防灾空间改造过程(作者根据相关资料改绘)

五　日本防灾对策的特点

1.已经形成全社会型防灾体制

由于日本是地震多发国家,自从关东大地震后,逐渐建立起全社会共同参与的防灾体制。作为国家开发建设政策,日本历次国土开发计画中均提出加强城市防灾抗灾能力。“21世纪国土设计”是未来十年日本的国家建设纲领,尤其强调分散城市风险、建立安全型社会。在经济金融税收政策方面,有成熟的关于灾害补偿保险机制,对于防灾设施建设,有明确的税制引导机制,这样有助于发动社会各阶层力量建设安全型社会。在规划法规中,地方建设法规如三大都市圈整备法、各市建设整备法以及专项法规如《都市公园法》《河川法》《景观法》等有明确的防灾内容。(图2-15—图2-18)

图2-15 建筑围合的开放空间是地区公共避难点(作者摄)

图2-16 大型公园具有独立的上下水系统和较高的无障碍化水平，适合各类人的避难需求(作者摄)

图2-17 通畅的绿道是重要避难通道(作者摄)

图2-18 社区活动中心是主要的避难空间(作者摄)

2. 防灾与详细规划制度

仅有防灾政策远远不够，在日常的街区规划与建设中，应落实具体的防灾设施配置和引导措施。日本法律规定必须编制“防灾街区整备地区计画”，这是专项的详细规划制度，内容包括明确防灾的功能和目标、防灾设施的配置和建设等，出图比例一般为1:1000。与之相配合的建设制度为“特定防灾街区整备地区制度”，主要是确定建筑物的防灾性能，同时综合考虑避难系统和周边防灾设施配置状况，确定地块大小、建筑高度和建筑后退距离等，引导建筑物防灾性能的改善。

3. 公园系统成为主要避难空间

自关东大地震后，日本认识到以公园绿地为代表的开敞空间是发挥避难功能的主要城市空间。1956年，日本颁布“都市公园法”，明确城市公园的防灾功能和配置标准（表2-7）。根据该法，日本地方自治机关逐年购买了大量公园用地，已经形成了分布均匀的公园系统。以日本东京都为例，根据“都市公园法”建设的公园数量为2 947处（2003年），0.25公顷左右的街区公园占绝大多数，且分布均衡，公园内按照等级和承载人群规模设置有防灾救援仓库和独立上下水系统可供避难使用，公园与居住区之间的通道无障碍化设计，可以保证地震时大多数人可以迅速移动到公园。

表2-7　日本城市公园的种类、标准和防灾功能

公园类型	配置标准	防灾避难作用
街区公园	服务半径250米，标准面积0.25公顷	街区避难点
近邻公园	服务半径500米，标准面积2公顷	街区避难点
地区公园	服务半径1公里，标准面积4公顷	地区避难中心
综合公园	标准面积10—50公顷	城市避难中心
运动公园	标准面积15—75公顷	城市避难中心
绿道	标准宽幅为10—20米	避难通道

续表

公园类型	配置标准	防灾避难作用
广场公园	—	地区避难中心
缓冲绿地	—	避难通道

第五节　绿地规划体系特点

首先，日本绿地规划的制定非常重视市民的参与。绿地建设与其他城市建设不同的是，除了政府投入资金建设公共绿地系统以外，还必须依靠全社会共同参与共同推动绿化建设。日本的绿地基本计画制度是1994年《都市绿地保全法》修正时规定的，虽然属于绿地保护制度体系中的一环，但是在实施中主要体现市民在绿化建设中的主导作用。绿地总体计画是自上而下的规划，而绿地基本计画则是自下而上的规划，两者相辅相成。这就调动了民间绿化的积极性，减轻了政府负担，形成政府、社会、民间共同推进绿地建设的局面。而我国的绿地规划基本上是政府主导的自上而下的规划，公众参与基本上是在规划编制完毕阶段，缺少调动公众和社会团体共同推动绿化建设的绿地规划体制。

其次，无论是总体计画还是基本计画，日本都非常重视绿地的配置标准。总体计画制度明确规定从环保、休闲、防灾、景观四个方面评价和考虑绿地配置。1976年颁布，目前正在实施的《都市公园法》明确规定了各类城市公园绿地的配置标准、服务对象、占地面积、设施标准、财政措施和建设主体等。《都市公园法》体现的配置模式主要是阶层布局法。该模式根据规模和功能，将绿地划分为不同的阶层，每个阶层的绿地有不同的服务半径。单个绿地的规模、设施数、使用人数、服务半径与绿地的阶层呈正比关系。阶层越高，则规模越大，设施越多，容纳的人数越多，服务的半径越大。绿地的个数与阶层呈反比关系，阶层越低，则个数越多，分布越广。阶层布局法在日本应用广泛，是日本城市绿地规划最根本的方法之一，并且通过都市公园法体系形式被确定为绿地建设的根本布局依据，形成了目前以小公园为主的城市绿地体系。（图2-19—图2-20）

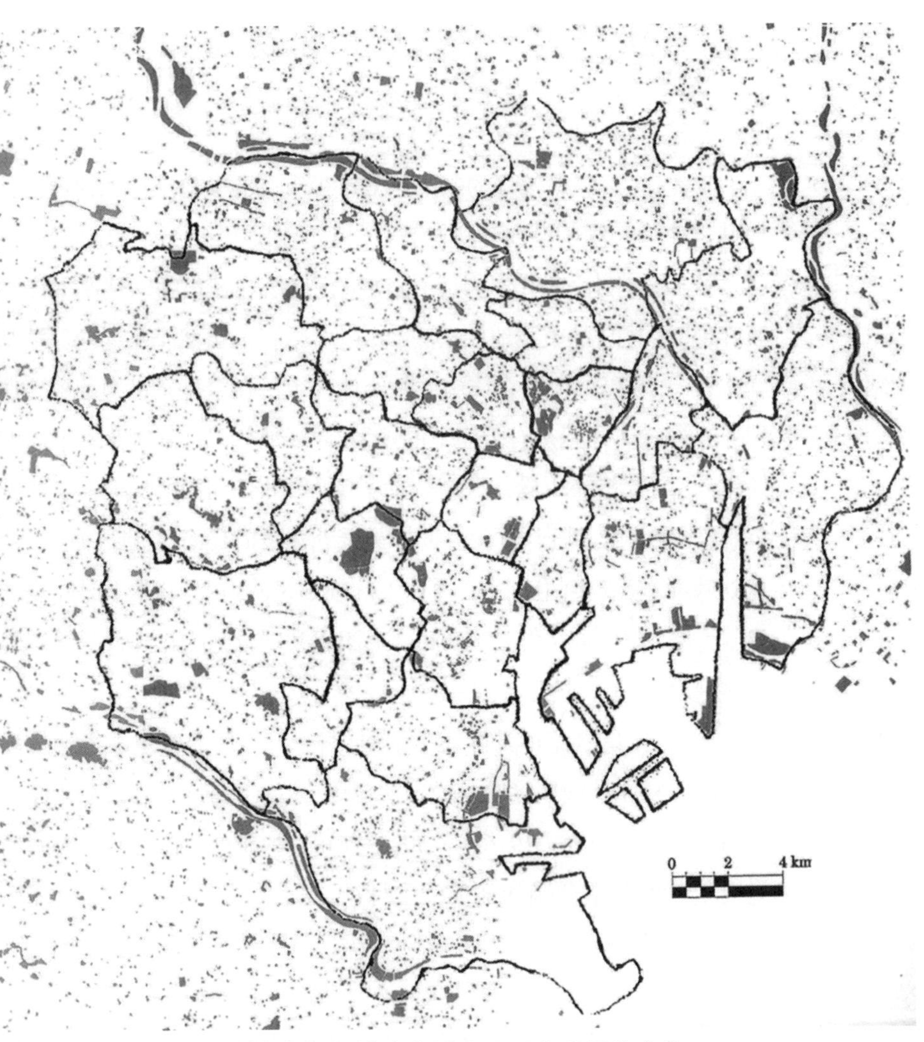

图2-19 东京都绿地分布图显示了小公园为主体的绿地系统结构(作者制作)

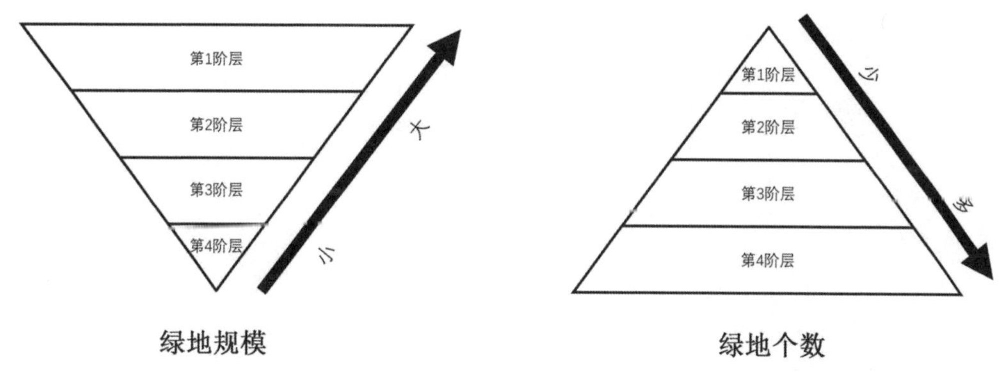

图2-20 阶层结构示意图(作者制作)

最后,绿地规划和保护体系体现了对防灾减灾功能的重视。日本处于地震多发地带,自从关东大地震以后,公园绿地系统规划开始考虑到防灾减灾因素。公园作为防灾避难基地,按照等级设置消防和灾难仓库,成为地震后的救援物资配给、保管场所。同时,公园内设置救护基地,向受灾者提供各类生活信息和咨询服务,由于空间开阔,成为受灾者相互交换信息和聚会的场所。在公园内和公园路上设置了给水设备,以防止由于水道损坏造成生活用水供应中断。为了增加可达性,更加充分地发挥防灾效果,按照服务半径尽量均衡地配置公园,通过绿道、公园分隔建筑密度高的街区。公园防灾减灾设施的标准在法规中有明确的规定。绿地基本计画规定绿地系统必须满足防灾避难要求,绿道也有避难的功能。

第三章　区域规划与设计历史

第一节　国土环境规划

一　日本的国土空间构造与症结

日本的国土构造可概括为“一极一轴(Unipolar, Uniaxial National Land Structure”结构。这种构造从第二次世界大战前开始形成，当时以海外原材料利用为基础的重工业在中央政府主导下配置在太平洋沿岸。由于和欧美国家贸易交通便利，战后沿岸地带集中了大量投资，产业和人口逐渐聚集形成了轴状都市连绵带，导致区域发展不平衡加剧。20世纪后半期，通过都市圈规划和政策诱导，在一定程度上缓解了太平洋沿岸地带的过密现象。但是，由于石油危机爆发、第一产业不振，同时加工贸易快速发展，造成太平洋沿岸地带内的发展不均衡，企业的中枢管理功能和金融业向东京集中。从而形成了目前的“一极(东京都)一轴(太平洋沿岸轴)”结构。

太平洋沿岸轴状都市连绵带内有日本最大的三个城市群，从北向南依此为首都圈(东京都、埼玉县、千叶县、神奈川县、茨城县、栃木县、群马县、山梨县)、中部圈(爱知县、富山县、石川县、福井县、长野县、岐阜县、静冈县、三重县、滋贺县)、近畿圈(大阪府、奈良县、京都县、和歌山县、兵库县以及福井县、三重县、滋贺县的部分区域)。1920年三大都市圈人口2 926万，占日本总人口的52.7%，1960年人口5 264万，占日本总人口的56.35%，2000年人口达到8 229万，占总人口的64.84%。(图3-1)

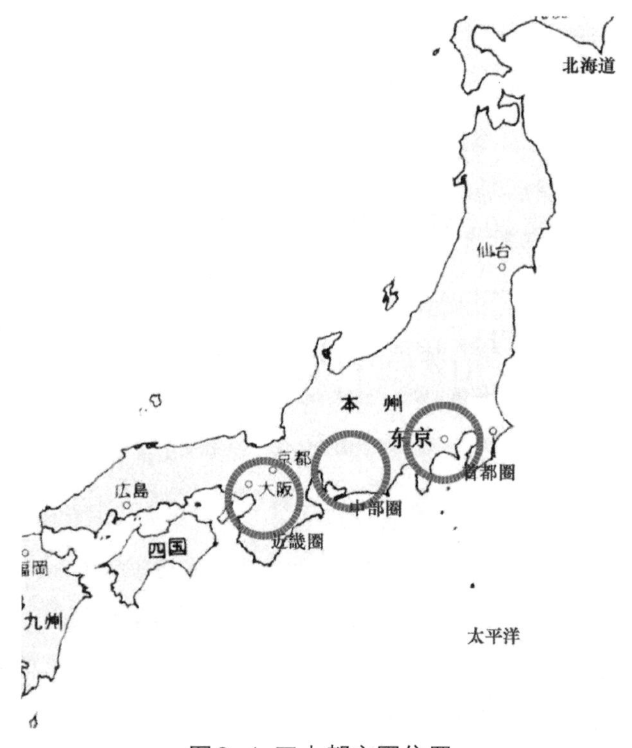

图3-1 三大都市圈位置

20世纪后半期，通过国土规划和都市圈规划及相关政策诱导，在一定程度上缓解了太平洋沿岸地带的过密现象。但是，“一极一轴”结构仍然在不断加深。经过数十年形成的“一极一轴”国土构造主要有以下弊端。

(1)区域结构问题。“一极一轴”结构意味着区域发展不平衡。三大都市圈以外的区域，由于受中心大城市的传媒和文化影响，地方固有的文化优势无法发挥，同时，在经济全球化过程中，生产功能逐渐向国外转移，人口流失严重。在都市圈内部，由于人口和产业向东京等中心大都市过度集中，自然景观个性趋于同化，文化和居住的多样性逐渐丧失。东京的极化现象没有得到根本缓解，功能过于向东京都中心集中的“单级依赖”式区域结构非常不利于社会和经济安全，同时结构性风险逐渐显现，使日本的竞争力开始下降。（图3-2）

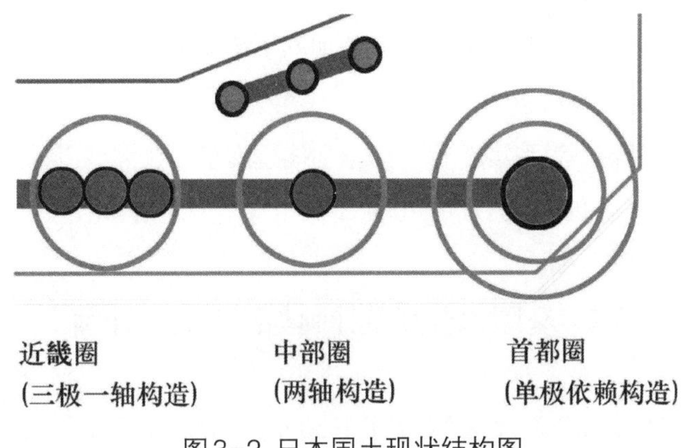

图3-2 日本国土现状结构图

（2）大都市过密问题。办公和商业场所基本集中在中心市区，居住地远离工作地，即使有轨道交通设施，但是通勤时间长，交通拥挤。人口、产业、金融、管理、行政等功能不断向大都市集中，导致城市内部密度增大、空间过密。空间过密又导致环境舒适度降低、污染严重、效率低下。

（3）资源环境与安全问题。大都市的过密和城市蔓延，导致大量农田和林地演变成城市用地，野生动植物、自然海岸和湿地减少，人类对自然资源的侵蚀和消耗过大。大量生产、大量消费、大量废弃型的生活和生产结构成为环境负荷不堪重负的主要原因。

日本的环境问题主要包括：①温室效应。大气中的二氧化碳浓度增加，破坏大气层与地面间红外线辐射正常关系，吸收地球释放出来的红外线辐射，阻止地球热量的散失，促使地球气温升高，对日本的气候、生态系统和人类生活产生不可估量的影响。日本人口和产业大部分集中在太平洋沿岸轴，温室效应导致海平面升高，对沿岸居民生存安全产生影响。②生态系统失衡。因为人类影响，野生动植物生存环境恶化，物种急剧减少，耕地和原生森林面积日益减少，生态系统失衡。③环境污染。包括大气污染、水体污染、土壤污染等。在经济高速发展阶段，大量湖泊富营养化。污染物从陆地排放到海洋，海底油田开发，大型油轮事故，不同程度地加剧了海洋污染，对地球总体水和大气循环造成负面影响。

行政功能、管理功能、商业中枢功能过度集中在大城市，提高了社会、经济、环境和政治方面的风险，不利于日本的国家和国土安全。

二　全国综合开发计画与国土利用计画

"全国综合开发计画"是基于1950年(昭和二十五年)第205号法律《国土综合开发法》进行的法定国土规划，是在充分考虑国土自然条件的基础上，从经济、社会、文化等综合的视角，达到综合开发和保护国土、提高社会全体的福祉的目的。

"全国综合开发计画"是日本国土规划体系中最上位的规划，是日本对国家区域所进行的战略性空间发展部署(图3-3)。自从1962年第一次全国综合开发计画(简称一全总)以来，该规划迄今已经进行了五轮，基本上每隔十年修订一次，基本目的是形成均衡发展的国土结构。早期的规划是在经济高速发展背景下进行的，关注的是解决或者缓解城市化快速进程中的发展不平衡问题，以及所带来的经济、社会、环境风险。中期规划提出为适应经济的高速发展，进一步促进地方城市的发展。最新一轮的规划是在经济发展受挫甚至负增长的背景下进行的，由于原来经济高速发展所带来的问题均有不同程度的显现，因此提出了调整城市的发展战略和产业结构以适应全球化带来的影响，提高区域竞争力，并且引入了环境安全、共生等理念(表3-1)。

表3-1　历次全国综合开发计画的概要

名称	全国综合开发计画(一全总)	新全国综合开发计画(二全总)	第三次全国综合开发计画(三全总)	第四次全国综合开发计画(四全总)	21世纪国土设计
决定时期	1962年10月5日	1969年5月30日	1977年11月4日	1987年6月30日	1998年3月31日
内阁	池田内阁	佐藤内阁	福田内阁	中曾根内阁	桥本内阁
背景	①经济恢复并开始高速发展;②大城市问题、收入差距拉大;③太平洋沿岸产业带构想	①经济高度成长;②人口和产业向大城市集中;③信息化、国际化、技术革新的发展	①维持经济增长;②人口与、产业向地方分散;③国土资源和能源问题	①经济发展到顶峰;②东京首位度过高;③区域发展继续不平衡	①全球化时代;②人口减少和高龄社会化;③高度发达的信息社会时代
长期构想	—	—	—	—	多轴型国土
目标年	1970年	1985年	1987年左右	2000年左右	2010—2015年
基本目标	区域均衡发展:从经济方面综合解决由于城市化现象所导致的地区生产力差距加大问题以及生活等层面的问题	多样化的环境建设:通过不断地协调发展,创造高福祉的以人为本的社会	人居环境整治:在有限的国土资源中,发挥地域特色,立足于历史传统文化,建设人与自然协调发展的健康社会	构筑多极分散型国土:以安全丰盛的国土为基础,发挥有效的功能,形成多极国土。控制经济功能和行政功能向个别地区过度集中,在国际交流中互相补充和完善	奠定多轴国土构造的基础:奠定多轴型国土形成的基础、提高区域竞争力,重视地方的选择与责任,促进区域的可持续发展

续表

名称	全国综合开发计画(一全总)	新全国综合开发计画(二全总)	第三次全国综合开发计画(三全总)	第四次全国综合开发计画(四全总)	21世纪国土设计
基本课题	①控制城市巨型化,消除区域差距; ②有效利用自然资源 ③资本、劳动力、技术等资源的合理分配	①人与自然协调发展; ②开发基础条件的整治和开发的均衡化与扩大化; ③发挥地域特色,国土利用再编和高效率化 ④保护、建立安全、舒适、文化的环境条件	①居住环境的综合整治; ②国土保护与利用; ③积极适应经济与社会发展的新形势	①通过定居与交流促进地区的活力; ②国际化和世界性城市的功能再编 ③安全、高质量的环境整治	①促进自立能力和地域的创造性; ②确保国土安全和生活安心 ③享受、继承大自然的恩惠; ④构筑有活力的经济体系; ⑤形成面向世界开放的国家
开发方式	据点开发:分散工业,配置与东京等经济聚集中心有业务联系的开发据点,通过交通通信设施相互联系,发挥周边地区的特性,实现地区间的均衡发展	大规模开发、大项目开发:整治新干线、高速道路网络,推动大规模项目开发,消除国土利用疏密不均的现象	“定居圈”设想:控制人口与产业向大城市过度集中,振兴地方据点城市开发,居住环境建设	交流网络构想:为构筑多极分散国土,推动地域整治和基础交通通信体系整治,形成多级分散型国土开发格局,培育多核心城市群、促进小型都市圈功能发展	参加与联动:创造多自然居住地域、大都市空间修复更新和有效活用、地域合作轴的展开、形成广域交流圈
投资规模		130兆-170兆日元	370兆日元	1 000兆日元	不明确投资总额,注重投资的重点化和效率化

注:本表数据引自日本国土交通省公布的资料。

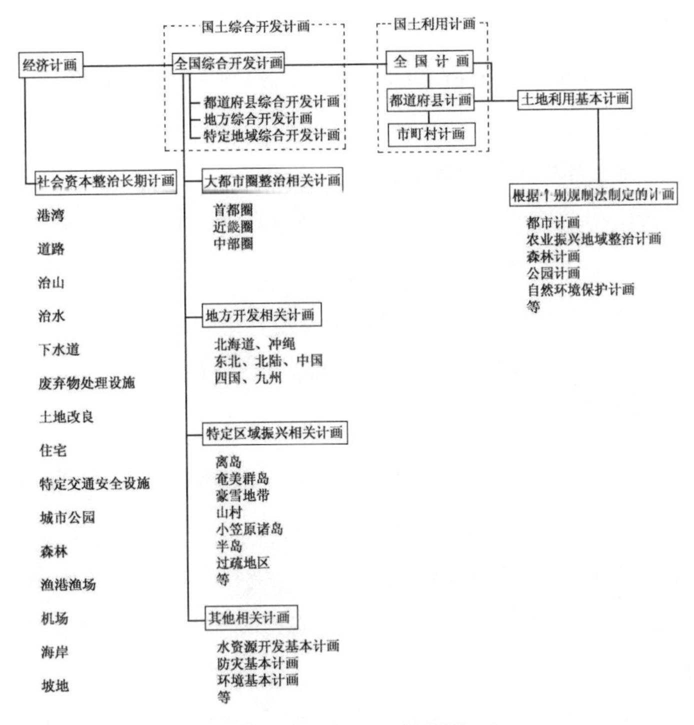

图3-3 日本国土规划体系

1974年日本制定了《国土利用计画法》。该法律的目的是"从更综合、更长期的视角,优先考虑公共福祉,保护自然环境,促进国土协调发展和有效利用"。根据该法,编制形成了国土利用计画。作为规划体系中最基本的规划之一,其基本内容由国土利用的基本构想、各类用地的规模目标和必要的实施措施共三个部分组成。国土利用计画包括全国、都道府县、市町村三个层次,其中,全国计画由国土交通大臣制定,都道府县计画由知事制定,市町村计画由村长制定。国土利用计画的特点是基于土地利用方面的规定对综合开发计画的补充,对各类用地设置量化目标,并明确达成目标所要采取的必要措施。[①]

---

① 笹岡達男:『国土計画とランドスケープ』,日本造園学会編『ランドスケープの計画』,東京:技报堂,1998年,第9—16頁。

三 国土环境规划基本思路、目标与建设措施

(一)国土环境规划的基本思路

21世纪初是日本经济高速增长期结束点,社会发展面临许多新的课题。由于生育不足,全国人口在21世纪初达到高峰后开始减少,老龄化问题严重。原有的大都市过密现象没有得到根本解决,地域结构不平衡,环境资源消耗严重。同时,高度发展的信息化改变了人的意识、行为和社会的存在方式,价值观与生活方式趋于多样化,个体活动逐渐成为社会活动和发展的支撑点。因此,日本提出必须修改原先的综合开发计画,以适应社会经济变化形势。

《21世纪国土设计》提出了未来国土环境建设的基本构想,其中心思想是形成多轴国土空间结构。首先,必须改变以东京为塔尖的金字塔形城市体系构造,将其转变为基于自立性和互补性的水平网络型城市结构。不再提倡城市集中化和巨大化,而是提倡在更广阔的区域内,发挥不同地域的合作与交流作用。其次,生产、流通、消费是支撑日本社会高品质生活的基础。现在,应在此基础上,致力于建设兼备自然环境保护、功能恢复、衍生新文化和生活样式的地域。最后,日本作为亚太地区和地球社会的一员,必须构筑国际性的交流功能和高等级城市功能。

20世纪,工业化和城市化是推动日本国土结构形成的主导因素。21世纪,工业化和城市化作用减弱,文化、气候、风土、环境、生态系统、交流、历史、遗产、地理区位和地方特色等因素的作用上升。应当发挥这些因素的作用,整合区域,促进合作和交流,提高国土的多样性,推动多轴型国土结构的形成。“国土设计”计划共形成四条国土轴,分别为东北国土轴、日本海国土轴、太平洋新国土轴、西日本国土轴。

（二）国土环境规划目标

《21世纪国土设计》中提出了国土环境规划目标，反映了日本社会的环境价值观和设计观。规划目标为建设高度自立的地域、确保国土安全和生活安全、保护自然资源、构建活力型社会和开放型国土空间。

1. 建设高度自立的地域

发挥地方特色，挖掘历史、文化、风土，提高地域自立性，建设完善的地方生活基础设施和服务体系，推进地方分权。

2. 确保国土安全和生活安全

针对大规模地震等自然灾害，提高国土安全性，充实危机管理体制。同时，针对资源减少、气候变动、老龄化等问题，应促进价值观和生活方式多样化，促进社会参与，确保生活必需品的稳定供给，实现丰裕型社会。

3. 保护自然资源

针对自然资源减少和环境破坏问题，确保生物多样性，重视自然系统，保护、恢复田园、森林、河岸等地带，结束大规模生产、消费、废弃的社会经济方式，提高自然再生能力和净化能力，促进低负荷、循环型国土建设。

4. 构筑活力型经济社会

在全球一体化和国内外区域激烈竞争中，继续坚持经济结构改革，确保就业和生活水平。促进开放创业环境，改正高成本经济结构和城市结构、强化物流、信息通讯、国际交流的基础设施，提高企业国际竞争力。通过研究、技术开发和产、学、官协作，促进新兴产业发展和现有产业更新提档。

5. 向世界开放的国土空间

形成有利于促进国际交流的制度框架和基础设施，日本国内已经建成的国际一流学术、医疗机构应面向亚洲、太平洋等世界各地人群开放。对于环境、防灾等世界性课题，应促进技术与经验的多向交流，积极参与国际活动。

(三)国土环境建设战略

为了达到国土环境规划目标,《21世纪国土设计》提出了创造多自然居住地域、大都市更新、强化地域协作轴、形成广域国际交流圈四大措施。

1.创造多自然居住地域

多自然居住地域,包括中小城市和周边的农山渔村。中小城市作为圈域中心,向周边农村提供基本医疗、福利、教育、文化、消费服务以及工作机会。在多自然居住地域,应充分利用自然文化资源和信息通信技术,构筑新兴产业体系,整治生活基本设施,合理保护自然环境,提高地域居住的舒适性。

通过交通、信息通信设施建设,促进多自然居住地域和大城市、中枢中核城市的交流与协作,推进复合地域居住和远距离工作,整治观光地和观光路线,促进“小型世界都市”的建设。

2.大都市更新

大都市更新有助于解决东京等大城市人口、功能过密和环境问题,维持社会经济活力。包括恢复都心居住、改造老朽住宅、提高城市防灾能力、转换城市产业构造、分散中心区功能、促进城市基础设施的有效利用,对城市结构进行根本性的改造。

为应对国际分工和社会需求变化,应促进城市与产业集群融合。三大都市圈、地方中枢中核都市圈,应发展为“中枢据点都市圈”,强化其城市功能集群据点和广域国际交流圈的据点功能。

3.地域合作轴

通过地域之间的合作交流、互通有无、功能分担,形成超越行政界线的伙伴关系,进而在地理空间上形成地域合作轴。地域合作轴促进不同历史文化的地域交流,有助于个性自觉和新文化价值的创造。通过纵向、横向的地域合作轴,促成水平网络型城市结构的形成。

4.形成广域国际交流圈

广域国际交流圈范围不仅限于中枢据点都市圈及其协作地域，而是具有世界性的交流功能的圈域。通过国际化环境建设和机场、港口等交通基础设施建设，促进经济、学术、文化、体育等各个领域的国际交流与地域发展，培养国际化人才，提高地区活力。广域国际交流圈覆盖日本全国土，促进日本形成世界级的交流合作基地（表3-2、图3-4）。

表3-2　国土轴建设目标

国土轴	位置	目标
东北国土轴	经过关东北部、东北太平洋侧到北海道	强化与亚洲、太平洋以及日本北部圈域的交流，还必须促进北海道成为重要的国际交流据点
日本海国土轴	从九州北部到本州和北海道日本海侧	促进中国、朝鲜半岛以及俄罗斯就日本海环境保护加强国际协作，并深化环日本海的经济、文化交流
太平洋新国土轴	从冲绳经九州中南部、四国、纪伊半岛到伊势湾沿岸	兼顾海洋开发与环境保护，深化与亚洲、太平洋的交流，促进冲绳成为重要的国际交流据点
西日本国土轴	原太平洋沿岸轴和周边地区	促进与亚洲、环太平洋大都市群竞争，合理配置功能

注：本表数据引自日本国土交通省公布的资料。

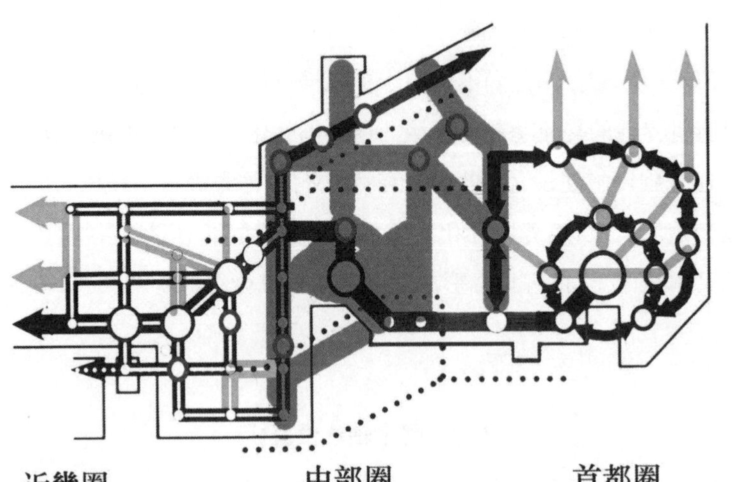

图3-4 三大都市圈的规划结构(作者根据相关资料制作)

第二节　首都圈规划

一　首都圈建设历程与问题

首都圈规划是根据《首都圈整备法》的规定，从宏观、综合的视角，明确首都圈建设的基本方针、目标和措施，是日本行政机关和各公共团体制定各类首都圈建设规划的基本方针。规划范围包括东京都、埼玉县、千叶县、神奈川县、茨城县、枥木县、群马县、山梨县。最近一期规划的实施期限为1999年至2015年，共17年时间。

战后日本经过了经济恢复期和高速发展期，首都圈的人口和功能向东京集中，形成以东京为核心的巨大都市圈。随着功能的过度集中，人口过密、通勤混乱、交通拥挤、环境污染等大都市问题不断恶化，居民和企业的负担沉重，且不利于防灾减灾。

随着人口和产业向大城市集中、城市区域扩大和汽车交通的不断发展，1950年公布了《首都建设法》，用于调整东京建设的秩序。由于实施范围局限于东京城区部，无法从根本上解决东京面临的城市化问题。1956年制定了《首都圈整备法》，明确了首都圈建设规划和相关措施的基本框架，施行区域扩大到以东京车站为中心、以100千米为半径的圈域内，包含了东京都和周围的7个县。1958年，在《首都圈整备法》的框架内，制定了第一次首都圈规划。

受大伦敦规划的影响，第一次首都圈规划将规划区域由内向外划分为建成区（母城）、近郊地带、周边地域三类（图3–5）。其中近郊地带类似于伦敦的绿地带，处于距离城市中心10—15千米的位置，在近郊地带设置开发区，重点建设卫星城。

然而，由于开发限制导致了土地所有者经济遭受损失，而当时没有制定相应的补偿办法，近郊地带的城市化进程没有得到有效的控

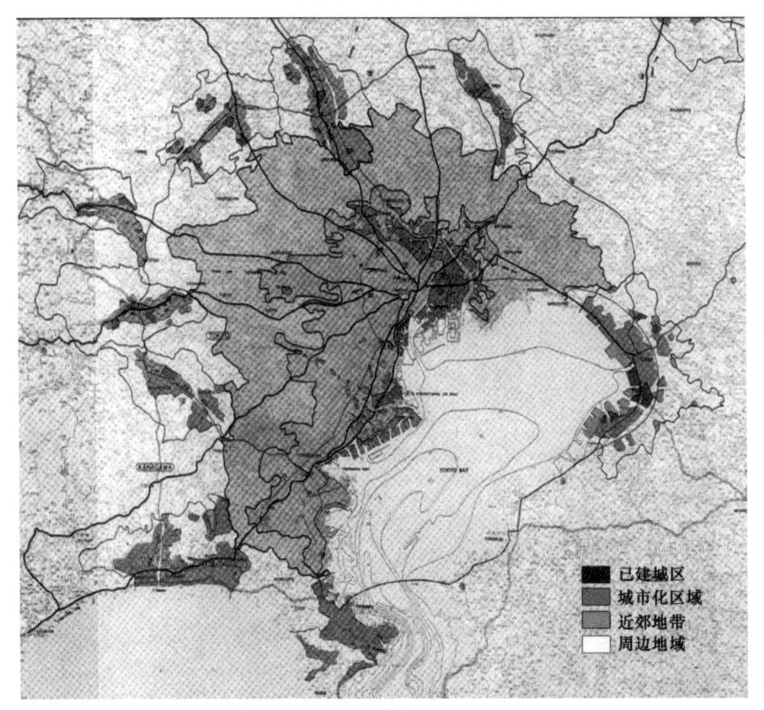

图3-5 第一次首都圈规划
(图片来源:『都市計画百年』,经过作者改绘)

制。1968年,在第一次首都圈规划的基础上进行了第二次规划。第二次规划将规划区范围扩大到1都7县全部行政区。近郊地带被改为“近郊整备地带”。在近郊整备地带内进行有计划、有步骤的城市建设,同时重视对绿地的保护(图3-6)。

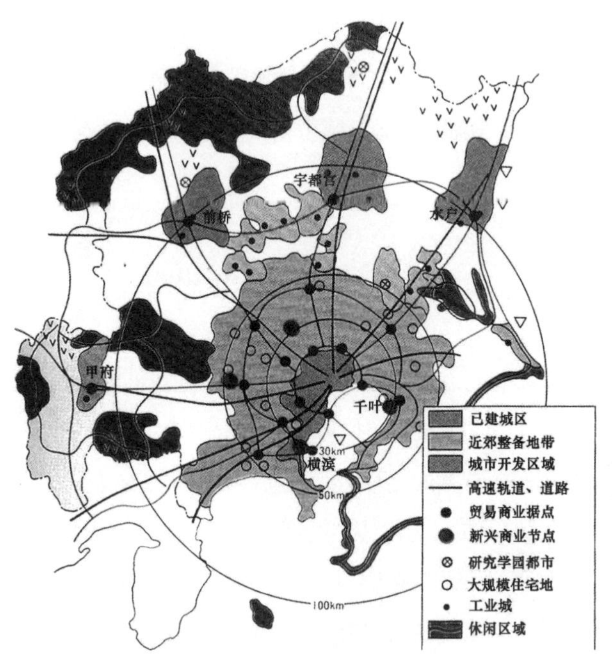

图3-6 第二次首都圈规划
（图片来源:『都市計画百年』,经过作者改绘）

第一次、第二次首都圈基本计画,都是在经济高速发展和城市区过度膨胀的背景下,以控制人口、产业的极化和加强建成区规划控制性为主要目的。1976年,第三次首都圈基本计画致力于培育地方核心城市,形成多极结构区域城市复合体,充实东京周边地区的农业、工业、教育、文化等功能。1986年,第四次首都圈基本计画以业务核心城市为中心,构筑具有高度自立性的多核多圈域型区域构造,促进功能向中核都市圈聚集,强化地域之间的协作和自立。1988年,制定的"多极分散型国土促进法",进一步推进了地方核心都市的建设和国家行政机关的转移。①

首都圈存在的主要问题包括:①城市依旧过密,东京都心部首位

① 邓奕:《日本第五次首都圈基本规划》,《北京规划建设》,2004年第5期,第85—87页。

度过高;②第四次首都圈基本计画实施以来,未形成地方核心都市,城市功能向东京集中;③关东北部、山梨地区自然环境优美,人口流失严重,缺乏横向交通基础设施;④城市内部问题严重,游憩空间不足,防灾能力低下。

二 环境规划目标与思路

首都圈发展目标包括:建设能够培育活力和创造性的场所;形成能够进行以个人为主体的多种活动的社会环境;实现与环境的共生;实现安全、舒适、高质量的地域环境;创造后代共享的资产。

日本传统的以东京为顶点的金字塔形城市体系构造已经不适应社会发展的要求,因此有必要重新审视首都圈的社会、经济、居住价值,形成水平的、高密度的分散型网络空间构造,强化地区间的协作和交流。[①]

北关东和山梨地区以及东京近郊居住地扩散过程中,形成了一些具有社会经济据点特征的城市。在原先以东京为中心的放射型交通体系的基础上,规划提出推进横向联系据点城市的交通网络建设。在据点城市中,选择高次元功能集中的业务核心城市和中核都市圈,将其培育成为区域合作据点。这些据点应不断吸收东京的功能,成为全国性的中枢功能聚集地。据点之间必须推进交通、信息通信等基础设施的建设。具有高度自立性的据点城市,与首都圈内外的其他据点相互协作、交流,形成具有高度互补性的区域结构。通过形成分散网络型构造,解决大都市问题,实现社会发展目标。

首都圈可以分为东京都市圈、关东北部区域、关东东部区域、内陆西部区域、岛屿区域五个部分(图3-7)。东京都市圈基本是东京通勤

① 邹军等:《日本首都圈规划构想及其启示》,《国外城市规划》,2003年第2期,第34—36页。

圈和近郊整备区的范围。东京中心区和近郊区已经形成了连续的密集城区,社会经济一体化程度较高。但是通勤时间过长、东京中心区极化严重等大都市问题非常严重,必须恢复东京都心部的居住功能,推进"都市构造的改造"。东京中心区必须继续分散其功能,形成多中心构造,形成能够发挥国际金融功能和企业总部功能的城市空间,推进都心居住功能。东京近郊地区连接了东京中心区外围环状据点都市,通过建设环状据点都市群,分担东京中心区的功能。其中,都市圈

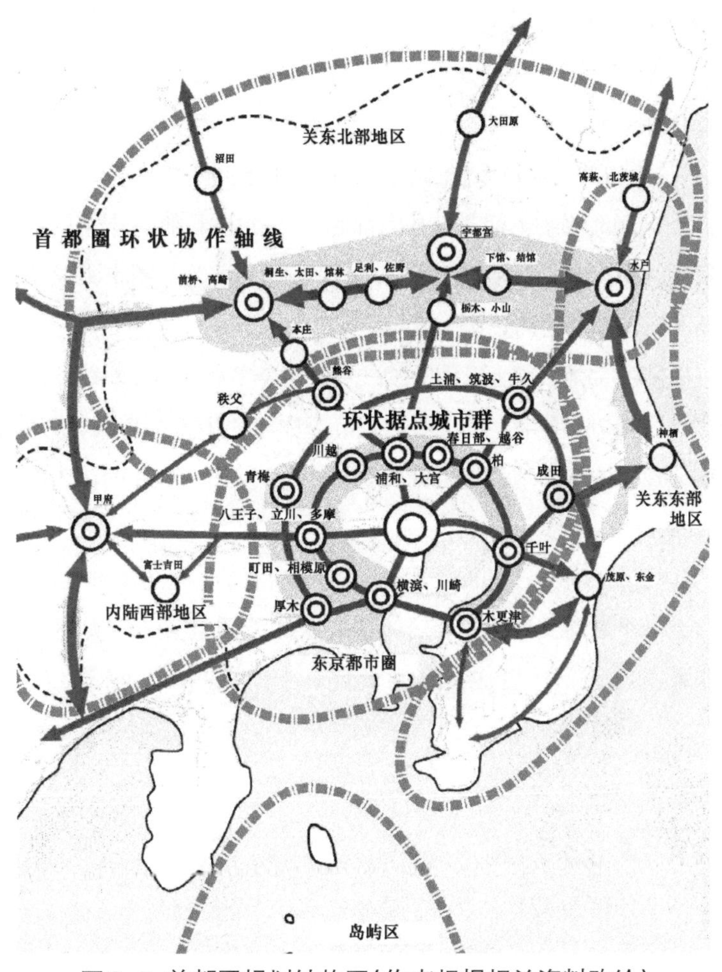

图3-7 首都圈规划结构图(作者根据相关资料改绘)

西部环状方向轴建设基础较好，通过积极向内陆西部拓展，形成一体化地域构造，有助于改善东京城市结构。东京圈北部和东部沿放射状交通体系连接了一部分据点城市，但是相互交流较弱。对于东京湾地区，不仅要推进沿海岸的环状网络结构建设，加强与内陆据点城市的联系，还要保护好滨海地区的自然环境。

关东北部区域与东京都市圈相邻，农业用地多，兼有城市与田园景观。其南部为平原部分，形成了以水户市、宇都宫市、前桥市、高崎市等为中心的都市圈，今后将进一步发展成为区域性合作据点。通过加强关东北部高速公路建设，形成轴状结构，促进与其他地域的交流协作作用。严格保护北部山野地带自然资源，加强休憩和交流的功能，整治横向的交通体系，集聚功能，推进地域间的合作。

关东东部地区包括茨城县东部和千叶县东部，拥有丰富的自然环境资源，都市、田园、自然、海洋等景观兼备。沿首都圈中央联络高速公路和东关东高速路逐渐形成据点城市。

内陆西部地区包括山梨县等地区，自然资源丰富，规划提出要进一步提高地方自立性，建设以甲府市为中心的中核都市圈，推进据点城市建设。由于山地环境资源特色突出，应发挥区域性的休闲游憩功能。

岛屿区具有独特的海洋生态系统、丰富的水产资源和观光资源。今后进一步推动交通信息通信体系的建设、强化本土和岛屿区的交流与联系、改善生活环境、提高地区的自立性。（表3-3）

表3-3　首都圈据点城市

<table>
<tr><th colspan="3">东京都市圈据点城市</th></tr>
<tr><td colspan="2">广域合作据点</td><td>横滨·川崎、厚木、町田·相模原、八王子·立川·多摩、青梅、川越、熊谷、浦和·大宫、春日部·越谷、柏、十浦·筑波·牛久、成田、千叶、木更津</td></tr>
<tr><td colspan="2">地域合作据点</td><td>横须贺、藤泽、平冢、小田原、所泽、川口、市川、船桥、松户等</td></tr>
<tr><th colspan="3">关东北、东部和内陆西部地区据点城市</th></tr>
<tr><td>广域合作据点</td><td>中核都市圈</td><td>水户、宇都宫、前桥·高崎、甲府</td></tr>
<tr><td rowspan="4">地域合作据点</td><td>关东北部横断轴状都市群</td><td>下馆·结城、枥木·小山、足利·佐野、桐生·太田·馆林、本庄</td></tr>
<tr><td>放射状交通体系沿线据点</td><td>高萩·北茨城、大田原、沼田、秩父</td></tr>
<tr><td>关东东部地区</td><td>茂原·东金、鹿嶋、神栖</td></tr>
<tr><td>内陆西部地区</td><td>富士吉田</td></tr>
</table>

三　环境建设基本措施

为了达到规划目标，在首都圈规划中确定了三大基本措施，包括形成创造性环境、与环境共生、营造安全高品质的生活环境。

1.形成创造性的环境

提高效率，改革结构，给予企业充分自主性，建设有利于企业发展的环境。建设有利于外国人就业生活的环境；推进形成新兴产业。通过创业支持，降低融资难度，孵化创新型企业，推进SOHO就业。在关东北部、东部、内陆西部地区，提高中核都市圈的集聚复合功能。建设文化基础设施，发挥文化交流功能，提高制造业的国际竞争力。以筑波研究学园都市等据点城市为中心，建设有利于产、学、官交流、研究开发型制造业和研究服务业发展的环境，建设优秀人才高度集中的研究开发据点地区。加强首都圈市区中心商业功能的集聚，发挥其承载传统和地域文化的交流中心作用。推进地方公共团体在街区建设中的自主性。推进城市与农村的交流，针对居民需求建设市民农园、体验农园，防止农地减少。以流域为基本单位，协调上下游相关者利益，推进森林流域管理系统建设和公众参与。

2.与环境共生

协调城市、农村土地利用，对即将城市化的地区，通过调整土地利用相关制度，尽可能保护自然环境，降低开发活动对环境的负面影响。对已建城区进行有计划的开发，合理规划土地利用，控制城市的无序蔓延。保护森林，形成绿地回廊，构建生态系统。保护自然环境区和自然公园区等首都圈内良好的自然环境景观，通过组织环境教育学习，整治生境系统，推进环境保护与生态修复。实施环境评价，避免保护地的破坏。确保区域绿地基本结构、回廊、风道，形成水、绿网络。通过市民绿地制度保护民有绿地。保护关东平原普遍存在的城区外缘部林地、残存的山林、城市农用地，建设都市公园系统，确保绿地数量，提高绿地质量。保护上游到河口的生态环境，整治多自然型滨水空间。推进污水处理和雨水的有效利用，强化空间的亲水性。促进市民自发参与生物调查、绿地管理等活动，推进行政机构与市民的联动。

3.营造安全、高品质的生活环境

建筑物、道路、公园绿地的设计，充分考虑安全性。规划阶段必须考虑防止犯罪。充分吸收阪神、淡路地震灾害的经验，确保中枢管理功能、都市功能的发挥以及区域物流、人流的顺畅。在制订预防、应急等综合性规划的基础上，进一步改变地域结构，确立区域防灾体制，提高基础设施耐震性、防灾体系化，积极促进市民参与。

随着首都圈人口下降、城市化压力减轻，城区整治的重点为现有城区的基础设施改造。消除老朽木造住宅、加固老朽公寓、促进功能复合化。推进多摩、港北、千叶新城、常盘新线沿线的住房用地供给。

提高城市中心区的居住适宜性，提高居住的可选择性，推进东京都以轨道车站为中心的居住单元建设，确保绿色开放空间，推进道路、公园等生活设施建设和步行空间的无障碍化。

对建筑物和街道景观进行规划，形成体现地域特色的城市景观。推进地区计画、风致地区、建筑协定、室外广告物条例和景观条例等的制订与实施。推进公园、滨水空间、道路等空间的整治，电线杆地下化。

推进农山渔村地域产业活动多样化，提高经济活力，发挥地域历史、文化、风土的特性。合理分配中小城市和周边农山渔村的功能，加强协作。维持、恢复当地自然环境，同时充分利用自然景观、传统文化、农林等自然资源，提高地方活力，加强农地管理，增强城市居民对乡村的归属感。[①]

① 日本国土厅大都市圈整備局：『第5次首都圏基本計画』，日本：大藏省印刷局，1999年。

第三节　中部圈规划

一　中部圈规划的意义与范围

中部圈环境规划全称为“中部圈基本开发建设规划”，以促进圈域内各地区产业经济的相互联系，提高首都圈和近畿圈之间的联络功能，促进均衡发展，提高社会福祉为根本目的，迄今已经进行了三轮规划。

1968年日本政府制定了第一次中部圈规划，针对经济高速成长阶段产生的地区差别和过密过疏等问题，强化产业基础，建设生活环境。1978年制定了第二次中部圈规划，强化各地域社会与经济基础，促进其相互联系和均衡发展。1988年制定了第三次中部圈规划，提出培育高等级功能、推进主体地域建设、强化中枢功能，促进多样性的环境建设。这三次规划对中部圈城市的发展起到很好的促进作用，但是南北方向的城市圈联系较弱，国际交流功能低下，产业空洞化，总体经济竞争力不强。

21世纪国土规划对中部圈未来城市建设提出新的思路和要求。中部圈规划基于《中部圈开发整备法》，明确圈域未来发展的综合方向，发挥对民间活动的引导作用。

中部圈规划范围包括富山县、石川县、福井县、长野县、岐阜县、静冈县、爱知县、三重县和滋贺县。规划期限为15年。规划的实施谋求国家、地方、公共团体、民间组织多方积极参与。

二　中部圈的问题与规划目标

中部圈城市比较分散，周围自然资源丰富，大多沿海岸线和河流分布，而且主要集中在东海道太平洋沿岸和日本海沿岸两个城市发展轴上，呈现两轴结构(图3-2)，日本海沿岸的城市与名古屋都市圈以及其他城市圈之间联系少，不能发挥其地域潜力和区位优势。随着爱知国际博览会的召开，中部圈的国际交流日益增多，但是主要依赖于首都圈和近畿圈。中部国际机场的建设有利于提升其门户功能和硬件、软件方面的竞争力。

中部圈是日本制造业的重要基地。在生产结构中，制造业比重远远大于服务业和商业。在制造业中，主要为加工装配业产业集群，太平洋沿岸的运输设备和工业机械、内陆的电器电子设备、东海的陶瓷业，北陆铝建材等基本材料工业、光纤业均形成了产业集群。除此之外，还有陶瓷、木制家具、纺织、漆器等传统工艺产业。但是随着本地企业的海外投资，产业逐渐空洞化。

中部圈自然环境优美，历来重视环境保护。但是油轮漏油和垃圾焚烧排放二噁英等污染对环境造成严重威胁。环境创造型社会构建和社会、公民的环境意识逐渐高涨。

中部圈规划确定其发展目标为：①面向世界开放的城市圈；②国际产业与技术的创造性基地；③景观优美的环境；④安全、安心、低成本的生活环境。

三　中部圈圈域空间构造目标

最大限度发挥各个城市圈的潜力，形成多轴连接型圈域构造。各个城市圈合理适度分散，促进圈域内多样性的、水平性网络的形成，从而进一步推动国土整体的水平性网络构造体系的形成。强化与国土轴的连接，促进日本海国土轴、北东国土轴、西日本国土轴和太平洋国土轴的形成。通过与国土轴的连接，在中部圈内部进一步形成六个圈域轴：中部横断轴、东海信越合作轴、中央横断轴、福井滋贺三重合作轴、中部纵贯轴、伊势湾东海环状轴。四条国土轴和六条圈域轴共同发挥与东北亚、东南亚和环太平洋地区的交流作用。

1. 日本海国土轴

提升沿日本海地区的国际交流等高级城市功能，对环日本海交流具有先导作用，同时充分挖掘丰富的自然传统文化资源，形成观光旅游网络，促进中部圈的日本海国土轴的形成。

2. 中部纵贯轴与北东国土轴

福井、小松、高山、松本地域，具有贵重的自然资源和风土景观。发挥自然、传统、文化资源潜力，保护生态系统，促进圈域东西方向交流，形成中部纵贯轴。进一步促进北东国土轴的形成。

3. 太平洋带的再生与西日本国土轴

沿东海道地区，强化最尖端产业和技术的集群功能，充分发挥文化、教育和国际交流等高级城市功能，促进太平洋带的再生和西日本国土轴的形成。

4. 伊势湾东海环状轴和太平洋新国土轴

以名古屋大都市区和中部国际机场为据点，在伊势湾沿岸、浓尾平原和滨名湖周边区域，促进发挥高等级产业、技术、城市功能、海洋自然的潜力，形成具有国际物流据点和产业、技术中枢功能的伊势湾东海环状轴。与之相适应，促进太平洋新国土轴的形成。

5. 中部横断轴

日本海到北信、东信、甲府盆地、骏河湾沿岸、伊豆半岛地区，具有丰富的休闲设施和特色产业集群，促进具有地方特色的建设和与首都圈的交流协作，形成观光网络，以及连接环日本海和环太平洋的广域国际交流圈。

6. 东海信越合作轴

名古屋、丰桥、滨松、松本、长野、上越地区，高级产业与研究开发功能聚集，促进多样化生活环境的建设，同时强化产、学、官相结合，挖掘传统民俗，形成区域性的观光网络，推进东海信越合作轴的形成。

7. 中央横断轴

能登半岛、飞弹、纪伊半岛地区，具有丰富的地域风土资源。提高该地区产业的活力和研究开发功能，连接环日本海和环太平洋的据点，形成中央横断轴。

8. 福井滋贺三重合作轴

福井平原、琵琶湖、伊势湾周边地区，海上交通便利，靠近近畿圈，促进资源利用，推进地域交流，形成福井滋贺三重合作轴。[①]

四　中部圈规划主要实施措施

(一)协作与交流

充分利用丰富的自然资源和特色产业集群优势，以及国际机场和世界博览会等大型项目的实施，推进环日本海交流和环太平洋交流，形成国际交流圈。积极培育国际交流人才，强化交流的支持体制。

充分利用地理区位优势，首先推进环日本海交流，进而通过与环太平洋交流创造新的附加价值。富山市、金泽市、福井市是交流的据点城市，进一步充实其高等级城市功能。通过中部国际机场的建设，推进圈域内的可达性，促进交通体系和物流功能的提升。

在全球化进程中，进一步提高名古屋大城市的据点功能和教育、文化、国际交流方面的高等级城市功能，将其建设为国际物流据点和先进产业技术、设计研究开发据点。

提高城市圈的自立性，功能分担，推进个人、民间等多样化主体积极参与规划建设，推进地域间、县际、圈域内外的交流与协作。

(二)形成产业、研究、开发集群

① 日本国土厅:『中部圏建設計画』，日本:大藏省印刷局，1997年。

提高产业和研究开发集群的活力，推进协作与交流，形成具有世界水平的产业和研究开发集群。整治高级学术研究机关，培养相关人才，推进产、学、官协作，强化研究功能。振兴环境、能源、信息技术、软件业等新兴产业。形成基于丰富的自然文化资源的观光休闲网络。提高地方性产业的活力。

（三）构筑与自然共生的循环型社会

项目实施前必须进行环境影响评价。绿地保护与建设，协调城市、农业、自然的土地利用，构筑健康的水循环体系。

推进节能、控制废弃物，推进循环利用，实现循环型社会。利用尖端技术促进农林水产业的可持续发展，统筹考虑伊势湾沿岸综合利用与保护。

（四）活动的展开

形成自然景观和独特风土的空间，建设能够承载创造性活动和多样化的生活样式的场所空间。重视村落等景观的保护，推进田园居住、农林渔业体验和环境教育，促进城市与农村交流。保护、继承、利用历史文化遗迹，振兴特色文化和艺术活动。

（五）形成安心居住的圈域空间

注重人生成长的阶段性要求，建设可容纳多样化生活、可选择的居住环境。针对少子、老龄社会现象，提高居住环境的方便性，促进中心城区更新，提高福利设施和生涯学习环境水平，支持高龄者参与社会。整治能源供给体系和水资源的供给、保护与再利用。推进东海地震对策的实施，强化圈域的安全性。

（六）交通与信息体系建设

提高中部国际机场和国际港口的交通可达性。推进北陆新干线、东海北陆高速道路交通体系的形成。提高物流效率和公共交通体系的便利性，引入高级道路交通体系（ITS）。建设任何人、任何地方均能使用的综合性信息体系。

第四节　近畿圈规划

一　近畿圈环境问题

近畿圈范围包括福井县、三重县、滋贺县、京都府、大阪府、兵库县、奈良县与和哥山县。此圈域具有优越的自然资源、深厚的历史文化底蕴和优异的学术研究资源。近畿圈规划是基于“近畿圈整备法”(1963年实施)的要求进行编制的,共进行了四轮规划。

第一次规划是1965年5月开始实施,其目的是防止20世纪60年代大城市过密和地区差距逐渐拉大,发展产业和提高居民福利,整治近畿圈城市建设秩序,图谋均衡发展。第二次规划在1971年实施,针对城区环境公害、居住难等问题,提出重视生活环境建设,发挥地域特性,促进地域均衡发展。1978年开始实施第三次规划,力图形成人类整体居住环境。1988年开始实施第四次规划,以促进形成多极分散型国土结构和多核合作型圈域构造、形成国际经济文化圈为基本目标。第四次规划之后,关西文化学术研究都市、国际机场、明石海峡大桥等大型基础设施建设相继完成,强化了近畿圈的文化学术研究和国际交流的中心功能。

经过四轮规划建设,近畿圈的环境问题突出表现在:作为日本传统工业中枢,在国家整体经济不景气的环境下,出口份额逐年下降,产业活力低下。大城市的问题(如通勤时间过长、热岛现象、都心空洞化、交通混杂、防灾脆弱)日积月累,损害了城市的业务管理功能和商业流通功能,工厂用地使用效率低下;北近畿、南近畿的农林水产业等地域产业活力低下、人口减少,老龄化严重,农业功能、森林公益功能、地域经济和自立性均面临危机;阪神、淡路大地震对神户、阪神、淡路地区造成较大的危害,必须提高城市防灾功能和防灾意识。为解决积累的环境问题而实施第五次规划，实施期为15年。

二　近畿圈的发展目标

（一）形成产业经济圈

近畿圈范围内，京都、大阪、神户形成了京阪神大都市聚集区，集聚了日本的大企业群、技术型中小企业集群，产业资源丰富，具有高等级生产能力和产业技术开发能力。以大阪、京都为中心发展新兴电子信息产业集群，提高未来产业发展潜力。继续充实京阪神都市圈的高等级城市功能，发展新兴产业，改造现有产业。在全球化进程中，形成具有竞争力的产业经济圈。

（二）形成交流信息传播中心

近畿圈不仅是经济文化中心，还具有丰富的地域和自然资源，历来注重国内外交流。通过关西国际机场、国际会议中心、高等级道路的建设等将其发展为国际交流中心。通过推进国际、国内交流，形成信息传播的中心。

（三）形成文化与学术的中心

在全球化进程中，历史文化和学术研究越来越重要。近畿圈内，奈良、京都、飞鸟地区具有日本规模最大最完整的历史文化遗产，关西文化学术研究都市集中了高水平的学术研究机构，致力于推进创造性的学术研究。通过发展学术和历史资源保护，形成文化与学术的中枢性圈域。

（四）形成自然、舒适、安全的空间

除了京都、奈良等地保留大量历史文化遗迹外，六甲、生驹、和哥山系的绿地以及琵琶湖水系等自然资源丰富，应形成与自然相协调、可持续发展的社会和居住环境。

三　近畿圈的城市结构规划

京都、大阪、神户至琵琶湖东部集中了近畿圈大部分城市和产业功能，形成目前的“三极一轴”构造。现有城市结构造成京阪神大都市区域产业活力和全国中枢功能低下、南北近畿地区地方产业不振、人口减少和老龄化现象。

因此，规划提出必须进一步发挥地方特色，形成水平网络、多核心、相互结合一体化的圈域结构，通过各城市、各地域之间多重的联系协作形成格子状协作轴，最终形成“多核格子”构造。

在此过程中，除了形成贯穿播磨地域、京阪神大都市区域、琵琶湖东部、名古屋大都市区域的协作轴，还应从圈域整体发展角度出发，形成战略性的大阪湾环状轴、关西内陆环状轴、若狭海道轴、吉野熊野历史自然轴、TTAT协作轴、福井三重协作轴。

通过圈域一体化，促进产业更新，确保抗灾能力，发挥地方个性，实现多样化发展。与圈域以外的地区进行网络化交流和协作，有利于形成日本海国土轴、西日本国土轴、太平洋新国土轴，促进多轴型国土结构的形成。

近畿圈规划形成六条战略协作轴，以促进经济和社会要素的流动与协作。从大阪经关空、泉州、和歌山、纪淡海峡、淡路岛、明石海峡，中枢业务、国际交流、物流、产业、学术研究等高级城市功能相互连接、协作、强化，形成大阪湾环状轴。从播磨科学公园城市、姬路到北神、三田、京都、关西文化学术研究都市、奈良、五条、和歌山，以产业、学术研究功能为特色，形成关西内陆环状轴。从敦贺到小滨、宫津、舞鹤，自然历史文化资源丰富，能够促进环日本海交流、吸引客源、提高地方居住功能，形成若狭海道轴。从和歌山到田边、新宫、松阪、伊势，自然生态系统发达，历史遗迹众多，文化与自然资源丰富，形成吉野熊野历史自然轴。丹后、但马到阿波、土佐，通过强化城市功能提高地方活力，面向太平洋进行交流，形成TTAT协作轴。从福井、滋贺到三重，通过强化地域功能提高地方活力，促进与中部圈的协作，形成福井三重协作轴。

四　近畿圈主要建设措施

（一）大都市更新

积极应对城市竞争，建设具有国际水准的居住与工作环境；充分利用公共交通体系，按照徒步圈配置生活功能设施，促进中心城区、临海区的土地利用；提高防灾能力，推动都心居住；通过大阪湾区综合开发建设，促进娱乐休闲度假产业、电子信息、电影相关服务业的发展。

（二）发展新兴产业

提高东大阪等各地特色中小企业集群的活力，促进钢铁、金属等基本材料型工业升级改造，振兴医疗、福利、环境相关的新兴产业。推进以关西文化学术研究都市为核心的近畿研究园区设想进一步实施，强化研究开发功能，设置技术转化组织，促进学术成果转化为生产力。支持个人创业，促进农林水产业可持续发展。

（三）推进内外交流

振兴观光、休闲产业，建设城市主题娱乐设施、国际会议场等设施，提高集客能力。改善接待服务，提高设施无障碍化水平。培养产业、文化、环境等各领域的人才，举办国际性体育运动赛事，推进非营利组织（NPO）活动。利用南北近畿地域资源振兴地方产业，充实中小城市功能，整备农山渔村，实现高品质生活环境。

（四）文化与学术的创造

保护文化遗迹、历史景观、传统艺术和技术，促进遗迹的复原和历史街道规划重建，提供历史文化教育场所，利用数字档案促进历史文化资源保护与利用。促进关西文化学术都市等学术研究集群的建设。推进实现近畿学术研究园区建设，促进医疗、光子、亚洲文化等领域的学术研究水平提高。强化大学等高等教育机构的教育研究功能，促进与产业的结合。

（五）形成与环境相协调的地域

形成水、绿的网络和均衡的土地利用方式，整治城市绿地和生物空间，保护里山林，促进森林整备。形成健全的流域圈水循环体系，促进流域圈水资源的保护。促进热电联产，促进交通需求管理和物流效率化，降低环境负荷。控制废弃物排放，促进循环和适度处理。构筑低负荷社会。综合推进沿海岸地区的环境保护与利用，发展新兴都市产业。

（六）基于地域特色的安全、舒适生活空间

保护城市绿地，更新老朽密集木造住宅，确保基础设施的可替代性，促进地方公共团体协作，推动山河治理，形成安全安心的生活空间。形成能够满足多样化居住需求的住宅区，利用地域资源和文化资源，创造良好居住景观。公共设施、城区、交通设施采用通用设计手法，充实医疗、福利设施，建设舒适的居住空间。提升教育、育儿环境档次，提高博物馆利用率，充实教育和文化。建设污水处理设备，有计划地推进水资源开发和能源供给体系。（图3-8—图3-9）

图3-8 大阪难波公园综合体项目景观一(作者摄)

图3-9 大阪难波公园综合体项目景观二(作者摄)

(七)交通信息体系和社会资本建设

推进关西国际机场、国际港口、道路、轨道等交通基础设施建设,提高可达性。推进高级道路交通系统(ITS)的普及,提高公共交通的便利性。在各个领域大力推广使用电子信息手段,建设高等级通信网络,整治电子贸易环境,促进学校因特网教育,积极促进信息通信体系的利用。重点推进能够促进地域自立、协作、交流的基础设施建设。合理分配政府与民间的责任与义务,形成客观评价体系,促进设施利用效率,缩减运营成本,提高社会资本整治的效率和效果。①

① 日本国土厅:『近畿圏建設計画』,日本:大藏省印刷局,1997年。

第五节　自然公园体系

一　自然公园的定义

日本1957年颁布的《自然公园法》规定有三类自然公园，分别为国立公园、国定公园和都道府县立自然公园。其中，国立公园是具有日本代表性的景观，环境大臣根据自然公园法第5条规定指定的，由环境省进行管理的自然风景地域。国定公园又称为准国立公园，是具有优美的自然景观，是由环境大臣指定，都道府县进行管理的风景地域。都道府县立自然公园是由知事根据本地条例指定的，具有地方代表性景观资源的风景地域。在日本自然公园体系里面，国立公园等级最高，国定公园次之，对日本的区域性景观资源起到重要的保护作用。

二　国立公园发展的历史

（一）战前国立公园的起源

日本自然资源丰富，森林面积占其陆地面积的三分之二，生物多样性程度较高。封建社会时期，由于生产力有限，人对自然界的干扰不大，自然环境没有大的变化。明治维新以后，工业化快速发展，自然环境受到较大的破坏，促使人们重新认识风景价值并开展自然保护运动，从而推动国立公园的成立。

早期对风景资源价值的认知主要是基于传统的山川景观。1894年志贺重昂的著书《日本风景论》、1905年小岛乌水的著书《日本山水论》，以及同年武田久吉和高头式创立《日本山岳会》都体现出对日本自然性的山岳景观的重视。而对于风景林地资源的保护则源于北海道开发。由于明治维新以后，北海道大力发展农业、开垦荒地、大面积采伐原始森林，自然资源受到严重掠夺，因此国会于1913年颁布《北海道原生天然保护林制度》，1915年颁布《国有保护林制度》，通过立法保护北海道的原始森林和风景林地资源。

对于具有代表性自然与文化价值的独立景物及其周边环境进行整体性的保护始于著名的风景地富士山和日光地区，早在1868年就向国会提出设置相关公园进行风景管理的申请。由于当时官方缺少基本的认识，这些申请未被受理。但是，地方发起的保护运动逐渐开展起来。1879年，民间团体"保晃会"成立，致力于日光神社和寺院的保护、修缮以及风景的维持和管理。1908年，日光的主要建筑物被认定为特别保护建造物，1911年日本国会通过设置国立大公园的申请，公园范围包括富士山、日光、琵琶湖、松岛等地区。

在民间力量的推动下，1921年，内务省开始国立公园候选地调查。1930年确定14处候选公园，1931年正式颁布《国立公园法》。《国立公园法》中规定了国立公园的设置条件，要求国立公园必须具备最有代表性的风景资源，如名胜、史迹、传统胜地和自然山岳景观。1934到1936年设立最初的12处国立公园，包括濑户内海、云仙、雾岛、大雪山、阿寒、日光、中部山岳、阿苏、十和田、富士箱根、吉野熊野、大山国立公园。①

1942年，国立公园的选定不再局限于自然性景观和文化资源，而是拓展到部分风景优美、接近城市区域、适合国民体育锻炼、教养和健身休闲的场所，确定了道南、三国山脉、奥秩父、琵琶湖为国立公园候选地。

（二）战后国立公园的发展

1946年，伊势志摩国立公园建立，成为战后第一个新设置的国立公园。由于二战期间日本实施举国军事体制，原有的国立公园大多荒

---

① 亲泊素子：『国立公園の成立と国家』，『ランドスケープ研究』，2014年，第78卷第3期，第208—213頁。

废。在整治已有的国立公园的同时,很多地方政府也向国会提出了新设置国立公园的申请。日本中央政府经过调查,将这些候选地域分为国立公园和准国立公园。1949年,准国立公园称为国定公园,正式建立了国定公园制度。同时,为了促进人们利用国立公园,1948年联合国军队司令部公共卫生福祉局向日本国立公园部提出了《查尔斯·里奇备忘录》,指出了当时日本公路体系的弊端。此后,日本政府启动各种道路改善措施,提高国立公园的交通效率和可达性。

随着日本战后经济复苏和发展,以及道路条件的改善,大量的人为活动对国立公园的自然环境造成极大的破坏。1949年设置特别保护地区制度,用以保护国立公园中最核心的景观资源。1950年《史迹与名胜天然纪念物保存法》变更为《文化财保护法》。在开发压力下,国立公园的选定范围扩大,沿海悬崖、溺湾等滨海风景资源纳入国立公园保护范畴,1952年确定的19处国立、国定公园候选地中有15处为滨海公园。1957年《国立公园法》变更为《自然公园法》,正式确立了国立公园、国定公园、县立自然公园三级保护体系。①

随着对日本自然生态系统的认知加强,1964年将具有独特的陆地生态系统地域纳入国立公园保护范畴,设置南阿尔卑斯和知床国立公园。1970年颁布了海洋公园制度和湖沼制度,保护范畴扩大到珊瑚礁等海洋生态系统。

城市开发能够促进第二产业和第三产业的发展,提高国家的经济能力。因此,日本各个党派相继发表了关于城市发展的策略宣言。在经济政治利益的驱动下,1968年自民党发表了《都市政策大纲》,提出全面推进城市开发,1972年田中角荣也发表了《日本列岛改造论》,呼吁全国采纳都市政策大纲,实现经济的高速增长。城市化促进了各地经济发展,但是牺牲了环境,导致鹳等生物急剧减少,迫使人们重新审

① 永嶋正信:『我が国の国立公園と野外レクリエションの発展』,日本造園学会編『ランドスケープの展開』,東京:技报堂,1996年,第78—81頁。

视自然林、湿地、海岸线的价值，野生动物因素纳入国立公园的景观资源评价范畴。

1987年，钏路湿原国立公园设立，表明人们开始重视大范围的湿地环境的保护。1994年，自然公园作为公共事业纳入国家预算体系，奠定了国立公园稳定的财政基础。2002年，创立了利用调整地区制度、风景地保护协定、公园管理团体制度等国立公园管理体制。2005年颁布规定禁止在国立公园核心地区带入动植物，以防止外来生物对本地生态系统的干扰。①

至2010年，日本国立公园共有29处，总面积约为209万公顷，占日本总国土面积的5.5%。国定公园共56处，面积为136万公顷，占国土面积的3.6%（表3-4—表3-5）。

表3-4　日本国立公园基本状况表

名称	所在地	代表性风景资源
利尻礼文佐吕别国立公园	北海道	由2个岛和湿地组成。利尻山、礼文岛峭壁、佐吕别湿地草原、沙丘林等
知床国立公园	北海道	知床半岛的原始自然公园、自然文化遗产、多种野生动物栖息地
阿寒国立公园	北海道	森林、阿寒湖、火山、温泉
钏路湿原国立公园	北海道	日本最大湿地
大雪山国立公园	北海道	北海道的屋脊、湿地、高山植物群
支笏洞爷国立公园	北海道	火山湖（支笏湖和洞爷湖）、火山（羊蹄山和有珠山）、温泉
十和田八幡平国立公园	东北	十和田湖、高山植物群落、温泉
陆中海岸国立公园	东北	海岸峭壁、海鸟繁殖栖息地
磐梯朝日国立公园	东北	出羽三山、森林、湖泊、沼泽群

① 佐山浩:『戦後の進展状況を踏まえた我が国の今後の国立公園』,『ランドスケープ研究』,2014年,第78巻第3期,第222—225頁。

续表

名称	所在地	代表性风景资源
日光国立公园	关东	日光东照宫、中禅寺湖、男体山、华严瀑布等
秩父多摩甲斐国立公园	关东	森林、溪流
小笠原国立公园	关东	30多座岛屿组成,固有动植物多
富士箱根伊豆国立公园	关东	火山(富士山等)、湖泊、伊豆半岛、伊豆七岛
南阿尔卑斯国立公园	关东	3千米高的群山、针叶林等高山植被
尾濑国立公园	关东	湿原景观、百名山、会津驹岳、燧岳、至佛山、田代山、帝释山等
中部山岳国立公园	中部	白马岳、立山等3千米高的山峰
上信越高原国立公园	中部	谷川越、火山、温泉
白山国立公园	中部	白山及山麓部分、高山植被群落
伊势志摩国立公园	中部	志摩半岛海岸景观、伊势神宫
吉野熊野国立公园	近畿	熊野川、吉野山、熊野三山、金峰山寺、青岸渡寺等
山阴海岸国立公园	近畿	日本海海岸景观、鸟取沙丘、特有植被系统
大山隐岐国立公园	本州	大山蒜山、隐岐诸岛、海岸景观、出云大社、三瓶山草原等
足折宇和海国立公园	四国	海岸景观、海洋生物
濑户内海国立公园	濑户内海	3千个岛屿组成、海岸海洋景观、传统村落
云仙天草国立公园	九州	云仙岳、温泉、
阿苏九重国立公园	九州	阿苏山、九重山、温泉、高原、志高湖
雾岛屋久国立公园	九州	火山群(韩国岳等)、自然遗产——屋久岛
西海国立公园	九州	海洋、岛屿景观资源
西表石垣国立公园	九州	石垣岛、西表岛、珊瑚礁、常绿阔叶林——红树林等亚热带植物群落、多种珍贵野生动物栖息地

注:本表内容由作者根据各个国立公园网站内容整理。

表3-5　日本国定公园基本状况表

名称	所在地	代表性风景资源
暑寒别天卖烧尻国定公园	北海道	暑寒别山脉、雨龙沼湿地、海蚀崖、天卖岛、烧尻岛等
网走国定公园	北海道	七大泄湖、小清水原生花园、天都山等
二世古积丹小樽海岸国定公园	北海道	二世古山脉、积丹半岛、小樽海岸等
日高山脉襟裳国定公园	北海道	日高山脉、冰河地形、襟裳岬、阿波岳、棕熊等
大沼国定公园	北海道	大沼、小沼、莼菜沼、126个岛屿、32处湖湾
下北半岛国定公园	东北	佛浦、恐山、大间崎、尻屋崎等
津轻国定公园	东北	岩木山、十二湖、十三湖等
早池峰国定公园	东北	早池峰山
栗驹国定公园	东北	烧石岳群山、栗驹山、鬼首破火山、温泉、须川湖、三途川溪谷、小安峡等
南三陆金华山国定公园	东北	黄金山神社、江岛等
藏王国定公园	东北	藏王山、立石寺、红叶川溪谷等
男鹿国定公园	东北	寒风山、户贺湾、真山神社、男鹿温泉乡
鸟海国定公园	东北	鸟海山、象潟、砂丘、飞岛、花立牧场、龙原湿地、奈曾瀑布等
越后三山只见国定公园	中部	越后三山、只见川
水乡筑波国定公园	关东	筑波山、霞浦、鹿岛神宫、香取神宫
妙义荒船佐久高原国定公园	关东	妙义山、荒船山、佐久高原等
南房总国定公园	关东	鹿野山、清滑山、清澄寺等
明治之森高尾国定公园	关东	高尾山、药王寺、自然林
丹泽大山国定公园	关东	丹泽湖、丹泽山、大室山等

续表

名称	所在地	代表性风景资源
佐渡弥彦米山国定公园	中部	琵琶湖、弥彦山、米山、佐渡岛断崖等
能登半岛国定公园	中部	能登金刚、曾曾木海岸、能登岛、七尾城遗迹等
越前加贺海岸国定公园	中部	越前海岸、东寻坊等
若狭湾国定公园	中部	若狭湾、音海断崖、青叶山、三方五湖等
八岳中信高原国定公园	中部	八岳山、美原高原、蓼科山等
天龙奥三河国定公园	中部	天龙峡、茶臼山、凤来峡、乳岩峡、凤来寺山、天然林等
揖斐关原养老国定公园	中部	关原古战场遗迹、养老溪谷、华严寺等
飞驒木曾川国定公园	中部	飞驒川、飞水峡、木曾川、苏水湖、下吕温泉等
爱知高原国定公园	中部	猿投山、香岚溪、温泉等
三河湾国定公园	中部	海蚀崖、砂滨、竹岛、知多半岛、渥美半岛、日间贺岛
铃鹿国定公园	中部	铃鹿山脉、多种植被群落、加茂神社、油日神社
室生赤目青山国定公园	中部	室生火山群、高见山地、青山高原、古代寺社、植被群落
琵琶湖国定公园	中部	琵琶湖、比睿山地、比良山地、野坂山地、伊吹山、灵仙山、湿地、森林等
丹后天桥立大江山国定公园	近畿	丹后半岛海岸、世屋高原、大江山脉
明治之森箕面国定公园	近畿	箕面瀑布、多样性的植被系统等
金刚生驹纪泉国定公园	近畿	金刚山地、生驹山地、奈良时代与南北朝时代遗迹
冰之山后山那岐山国定公园	本州	冰之山、后山、那岐山等

续表

名称	所在地	代表性风景资源
大和青垣国定公园	近畿	春日山原始林、天神山林地、青垣山、古代寺院、神宫、天皇皇陵、古道、柳生街道等
高野龙神国定公园	近畿	高野山、龙神温泉、十律川源头、护摩坛山、原生林
比婆道后帝释国定公园	本州	比婆山、道后山、吾妻山、帝释峡、雌雄桥
西中国山地国定公园	本州	冠山山地、溪谷、原生林
北长门海岸国定公园	本州	火山群、海湾、
秋吉台国定公园	本州	喀斯特地形、秋芳洞、景清洞等
剑山国定公园	四国	剑山、溪谷、祖谷溪
室户阿南海岸国定公园	四国	室户岬、千羽海崖、大里松原海岸等
石锤国定公园	四国	石锤山、面河溪
北九州国定公园	九州	皿仓山、福智山、平尾台、休闲度假地
玄海国定公园	九州	海岸、岛屿、虹之松原砂滨、波户岬
耶马日田英彦山国定公园	九州	耶马溪、万年山熔岩台地、英彦山
壹岐对马国定公园	九州	海蚀崖、浅茅湾、金田城遗迹等
九州中央山地国定公园	九州	山林地、平家落人之里
日丰海岸国定公园	九州	日丰海岸、半岛
祖母倾国定公园	九州	祖母山、倾山、溪谷、峡谷
日南海岸国定公园	九州	青岛、日南海岸、鹈户神宫、都井岬
奄美群岛国定公园	九州	奄美群岛、保育林
冲绳海岸国定公园	琉球群岛	冲绳岛海岸、万座毛、庆良间群岛、喀斯特地形
冲绳战迹国定公园	琉球群岛	二战遗迹

注：本表内容由作者根据各个国定公园网站内容整理。

三　国立公园的保护、规划与管理

(一)保护分区

根据国立公园风景的品质,陆地部分分为特别地域、普通区域两大类,海域部分分为海中公园地区和普通区域。特别地域再划分为特别保护地区、一类保护区、二类保护区、三类保护区四个级别。根据不同的地区级别,实施相应的保护与控制措施。

特别保护地区是国立公园中最核心的保护区,实施最严格的保护控制措施。29处国家公园中,有200处特别保护地区。保护的对象包括:①原生态系统及周边环境,如钏路湿原的湿地;②具备完整生态系统的河流源头,如南阿尔卑斯的野吕河源头;③反映植被系统性的自然区域,如箱根的汤坂山和文库山;④具备明显的植被垂直分布特征的山体,如雾岛屋久的韩国岳;⑤新的熔岩流上的植被迁移地,如雾岛屋久的樱花岛东熔岩流;⑥天然纪念物,具备稀有性和珍贵性,如阿寒湖的绿海藻等;⑦珍贵、稀有的地质和动物栖息地,如陆中海岸的罗贺平井贺;⑧杰出的景观地形,如中部山岳;⑨具备杰出风景的海岸线和岛屿岩礁,如知床的岩尾海岸;⑩具备历史魅力和传统吸引力的地区,如伊豆八丁池、日光华严瀑布;⑪特殊自然现象导致的地形,如支笏洞爷的有珠山;⑫优美的花木群落,如日光的野州原杜鹃群落;⑬重要的人文资源,如日光东照宫等。

一类保护区具有仅次于特别保护地区的景观资源,必须极力保护现有景观的地区。二类保护区的景观资源次于一类保护区,是可以进行适当的农林渔业活动的地区。三类保护区的景观资源次于二类保护区,是一般不对农林渔业活动进行控制的地区。海中公园地区具有热带鱼类、海藻、珊瑚等代表的海洋资源,以及海涂、岩礁地形和海鸟活动区域。普通区域是特别地域、海中公园地区以外,需要实施风景保护措施的区域,发挥特别地域、海中公园地区和国立公园以外地区的缓冲、隔离作用。

一般来说,特别保护地区、一类保护区实施最严格的保护措施,不允许进行学术研究以外的活动。

(二)规划体系

国立公园的规划是根据各个公园的特性,确定风景保护、管理措施以及各类设施的建设计划,包括设施计画和规制计画。设施规划包括保护设施和利用设施的计画,规制计画包括保护计画和利用计画以及利用调整地区设置。

保护规制计画是通过对公园内部特定行为的禁止与控制,防止开发和过度利用的规划。对于不同的保护分区,设置不同强度的控制措施。

利用规制计画是针对重要的景观区,对游客利用的时期和方式进行调整、限制和禁止的设定,以达到合理利用与环境保护的平衡。

保护设施计画是为了自然环境的恢复和危险避免,对必要的设施进行规划。

利用设施计画是在管理和利用设施集中的区域,为促进公园合理的利用而进行的利用设施的规划。

利用调整地区是对于重要的风景地区,由于利用者增加导致生态系统受损,通过控制利用者人数等措施保护生态系统,促进可持续利用的地区。(图3-10)

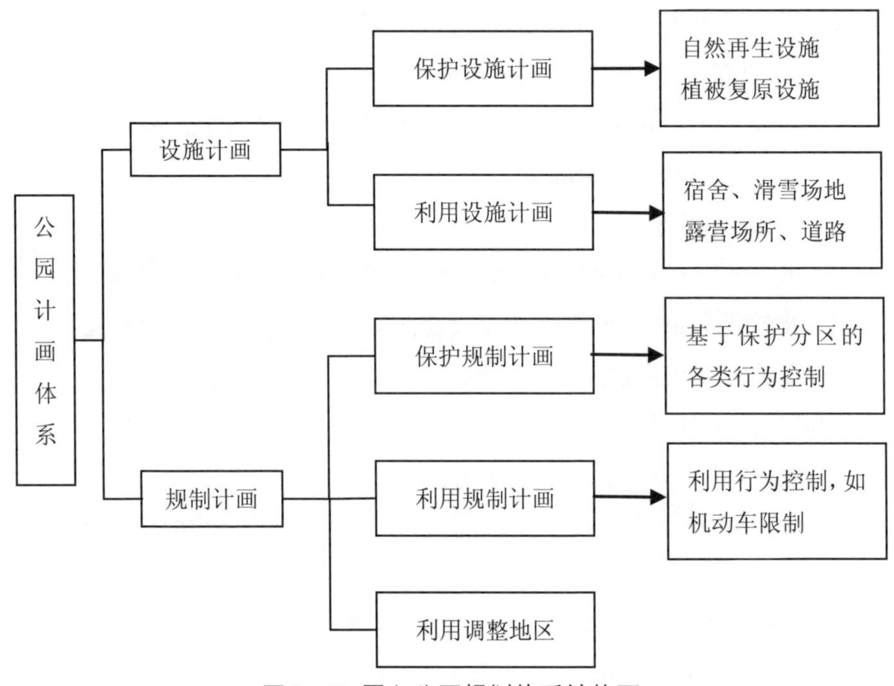

图3-10 国立公园规划体系结构图

(三)管理体系

国立公园的管理是基于规划所确立的原则与目标而实施的行政措施,具体包括管理计画书、控制开发行为、保护动植物、利用调整、机动车控制、自然再生、风景地保护协定、民间地买入、野生生物管理。

管理计画书主要内容是确定各个细分区域的建设内容、建筑物色彩、自然系统保护方针,是国立公园实施管理的依据。

对开发行为进行控制是依据《自然公园法》,对于有可能改变自然风景的行为进行控制。这些行为包括建筑物、构筑物的设置、木材的采伐、采石掘土以及动物的捕获和植物的采集等。依据保护规制规划和保护分区的等级,控制内容和力度有所区别。

动植物保护措施是在国立、国定公园的特别地域内,对特定的动植物采取严格保护措施。植物采集与动物捕获均采取许可制,以确保生态系统多样性。特定的动植物由管理机关指定，其中植被种需要满足以下条件：①具备分布上的特殊性；②稀有植物；③原生植物；④与其他生物具有较强的依存性；⑤极端环境下生存植物；⑥四季景观植物；⑦各个专业领域中商业价值高的植物。动物种主要包括玳瑁、绿海龟、小笠原蓝豆娘、小笠原蜻蜓、宫蜻蜓、贝母甲虫、深山白蝴蝶等。

利用调整制度是2002年颁布的，即设置利用调整地区，通过设定利用者人数上限和连续利用最长日数，确保该地区生态系统可持续发展能力。利用调整地区的设定必须经过环境大臣或者都道府县知事认定和许可。比如吉野熊野国立公园的大台原地区，因为道路开通、人为干扰增加引起生态系统衰退，被指定为利用调整地区，设定每日利用者人数上限为100人，团体利用者人数上限为10人。

节假日国立公园的来访者过多，如果不进行控制，就会产生使用过度、环境负荷过大、生态系统受损的问题。因此环境省采取了机动车使用合理化对策，作为其中的一环，对国立公园分地域、分时间控制机动车进入。

自然再生项目是环境省牵头、多方参与的国家战略性工程，其目的是恢复自然生态系统，内容包括恢复湿地、改善河道、造林、恢复海涂等。除了对国立公园的特别地域进行严格保护外，还确保生物空间的稳定和生物通道，形成完整的地域生态系统。已经实施的有佐吕别和钏路湿原的湿地再生、阿苏的草原再生、吉野熊野的大台原森林系统恢复、小笠原的自然再生、足折宇和海的珊瑚礁再生等工程。

日本国立公园包含很多民宅，土地所有者比较复杂。由于土地所有者对其领地的管理很难达到国立公园的要求，因此公园管理团体与之签订风景地保护协定，代替其实施保护、管理以及信息收集和提供服务。签订风景地保护协定的土地所有者可以获得环境省的税收优惠。政府也收购国立公园内的民间所有土地，以便理顺管理和所有关系。

野生生物管理包括外来生物控制和大型动物危害管理。国立公园的部分核心地区生态系统脆弱，容易受到外来生物侵扰。因此，2006年开始在特别保护地区内全面禁止利用者带入外来动植物。大型动物，尤其是鹿，在野外大量繁殖、采食植被，导致生态系统失衡，危害最严重的尾濑和知床国立公园均实施大型动物危害管理措施，控制鹿的危害。（图3-11—图3-12）

图3-11 越前加贺海岸国定公园景观一（作者摄）

图3-12 越前加贺海岸国定公园景观二(作者摄)

四 日本国立公园的特点

(一)风景资源的复杂性

国立公园的保护对象为自然风景地。自从国立公园设置以来,对于自然风景资源的评价逐渐多样化。从最初的名胜、史迹、传统胜地和自然山岳景观,到休闲度假地域、滨海风景资源、陆地海洋生态系统、生物多样性,以及大范围的湿地环境,表明国立公园的风景地保护,其范围从点到面、从陆地到海洋,保护的内容不仅包括自然环境、人文历史遗迹,也包括生物系统、生态系统,以及城市居民的休闲度假地,即发展成为对自然的整体性保护。对于不同的保护对象,根据其价值,采用分区保护与控制措施。

（二）地域制自然公园

地域制自然公园是指公园范围以内，土地所有权属复杂，需要通过相应的法律法规对权益人的行为进行控制和管理，以达到自然公园的保护和利用目标。日本国土面积狭小，土地利用多呈现复合性质。国立公园内私人领地占总面积的25.6%，国定公园内私人领地占总面积的39.7%。因此，采用地域制自然公园制度，能够超越土地所有权归属的限制，将需要保护的地域指定为国立公园。由于地域制公园内居住人口较多，产权、财权、产业、管理各类关系复杂，因此必须设计细致、全面的协作管理制度。为理顺这种关系，日本国立公园实施风景地保护协定和民有地购买措施，以确保管理权统一。①

（三）多方协作式的保护体制

由于国立公园、国定公园面积广阔，内部土地权属关系构成复杂，牵扯利益多，因此尽管由环境省和都道府县进行管理，一般都会采用公园管理团体制度。该制度是2002年创立的，基于多方协作的管理体制。即由环境大臣指定非营利性组织（NPO法人）全面负责公园日常管理、设施修缮和建造，以及生态环境的保护、数据收集与信息公布。非营利性组织与环境省之间采取联动与监督机制，对于公园内非国有土地，政府采用税收杠杆促使非营利组织与居民缔结风景地保护协定，或者由政府直接出资购买民间土地，以此提高管理效率、降低管理经费。

此外，国立公园设立协议会制度，在制定管理计画的时候吸引住民、专家、非营利性组织、地方政府、环境省等多方利益相关方参与，对现有计画重新审视，以便提高公园管理水平和保护措施的实际可操作性。

---

① 田中俊德：『「弱い地域制」を超えて–21世紀の国立公園がバナンスを展望する』，『ランドスケープ研究』，2014年，第78卷第3期，第226—229頁。

第四章　城市空间环境设计案例

第一节　东京的城市规划设计

一　战后重建规划

东京的战后重建规划以《战灾复兴计画基本方针》为指导方针，在距离市中心50千米圈域内规划了横须贺、平塚、厚木、八王子、町田、立川、川越、大宫、春日部、千叶等卫星城市，每座卫星城人口10万左右。同时，在外围规划人口20万左右的城市。卫星城市和外围城市共容纳人口400万，从而使东京城区人口控制在350万以内。

东京城区的土地利用规划保留了战前和战时的环状空地带结构，并且根据《特别都市计画法》第三条将环状空地带指定为绿地区域。另外规划大公园3处、小公园20处，并且沿干线道路配置绿地。绿地区域总面积约1.9万公顷，占城区面积的33.9%。在道路交通方面，规划了环状干线道路8条，放射干线道路34条，辅助干线道路124条，形成放射环状结构的交通网。[①]

然而，东京战后重建规划仅仅停留在构想阶段。到1947年，东京人口达到382万，突破了人口的控制界限。1949年，政府通过了战后

---

① 東京都都市計画局:『東京の都市計画百年』,東京:都政情報センター管理部事業課,1989年,第50—51頁。

重建规划的改编方针，改编后的主要内容和方针为重点建设儿童公园和近邻公园；限定土地区划整理工作的实施范围等。

二 "东京计画1960"

随着经济高速发展，人口与产业向大城市聚集，东京都人口超过千万，成为巨型城市（Megalopolis）。

巨型城市是20世纪下半叶新出现的城市形态。北村德太郎、石川荣耀等人认为巨型城市会导致地区发展失衡、景观同质化、城市效率低下和环境生态问题恶化等问题。日本建筑学会在战后首先提出"抑制大城市，振兴中小城市"的建设方针。20世纪60年代后，巨型城市抑制论影响了日本中央政府的决策，控制巨型城市无序膨胀、谋求地区均衡发展成为政府主导的国土开发的核心理念。东京都发展为巨型城市，重视城市内部功能重组，同时努力思考城市未来的空间发展方向。丹下健三的"东京计画1960"是这一时期城市设计的代表方案（图4-1）。该方案设想将东京的管理中枢功能从都心转移到东京湾，建造海上商住建筑群，作为未来城市发展的结点，城市中心向海上延伸。[①]

---

① 東京都都市計画局：『東京の都市計画百年』，東京：都政情報センター管理部事業課，1989年，第61頁。

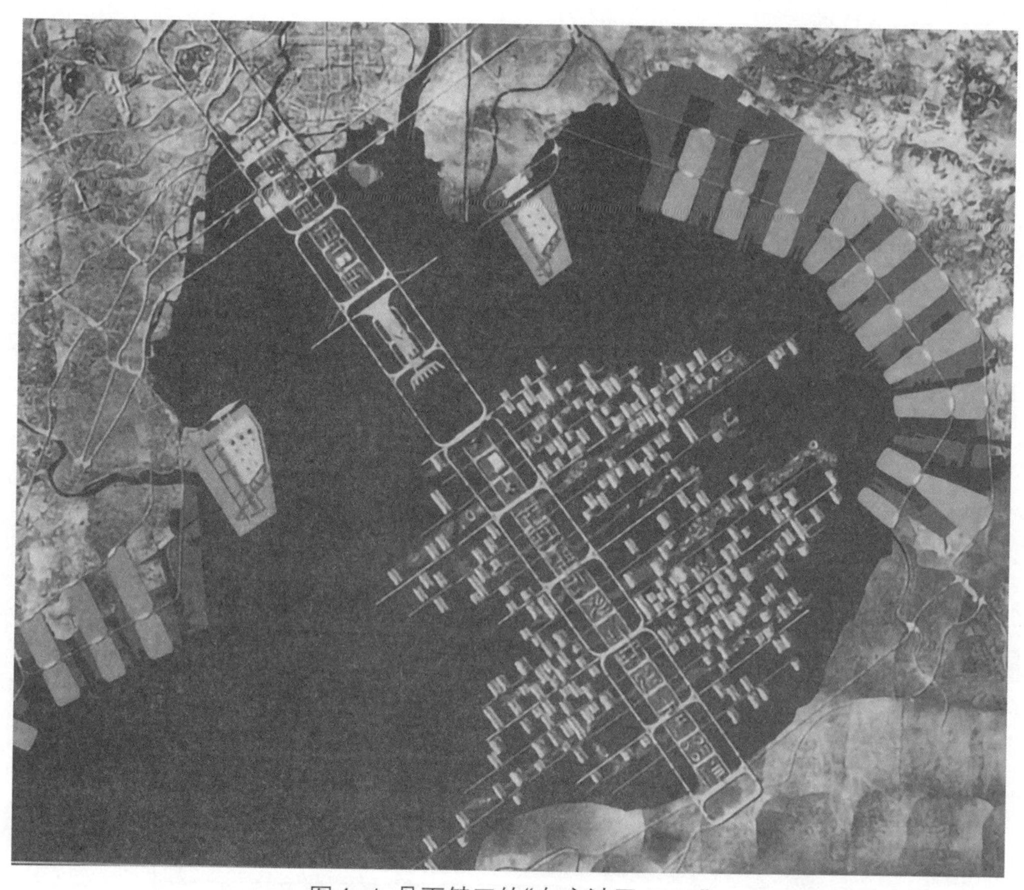

图4-1 丹下健三的“东京计画1960”
(图片来源:『東京の都市計画百年』,经过作者改绘)

三 东京都长期规划

东京都于1982年、1986年分别制定了两次长期规划。长期规划体现未来东京发展的基本构想和实施的内容与措施等,主要内容包括10年项目规划(1986—1995年)。为推进规划实施,每三年制定一次《东京都综合实施规划》,确定项目实施的预算。

长期规划设定东京都人口2000年为1 234万人,白天流动人口

1 481万人，以“尊重人性、地域构想”为原则，注重发挥地方个性，改变以都心为中心的“一点集中型”城市结构，提出发展多中心型城市，建设临海副都心并推进国际化。具体措施包括整治交通网络，重点建设地铁12号线、中央环状线高速路、环形8号线；在滨海区域建设东京港联络桥、新交通系统、提高往都心的可达性；建设常磐新线、首都圈中央联络高速道路、东京湾岸道路等，促进广域交通网的形成。

为实现多中心型城市，除了商业、办公功能积聚的新宿、涩谷、池袋副都心，在东侧临海部区建设新的副都心；在多摩新城中心，继续推进交通系统建设，吸引、积聚商业、行政、办公、文化、医疗等功能，提高多摩地区的自立性①（表4-1、图4-2）。

表4-1 各个副都心的建设目标与措施

副都心	建设措施与目标
新宿	建设新的东京都厅政府机关大楼，整治周边道路环境
涩谷	建设联合国大学，建设信息化、时尚的街区
池袋	建设东京都文化艺术会馆，吸引商业、办公、行政功能，形成复合型城市街区
浅草、上野	文化、传统设施再利用
大崎	吸引商业、办公、行政、文化功能，形成先进技术信息交流的中心
锦丝町、龟户	增强回游性，打造产业文化街区
临海区	建设国际化、信息化为特色的未来型副都心，打造国际一流的滨水区

① 東京都都市計画局:『東京の都市計画百年』，東京:都政情報センター管理部事業課，1989年，第98頁。

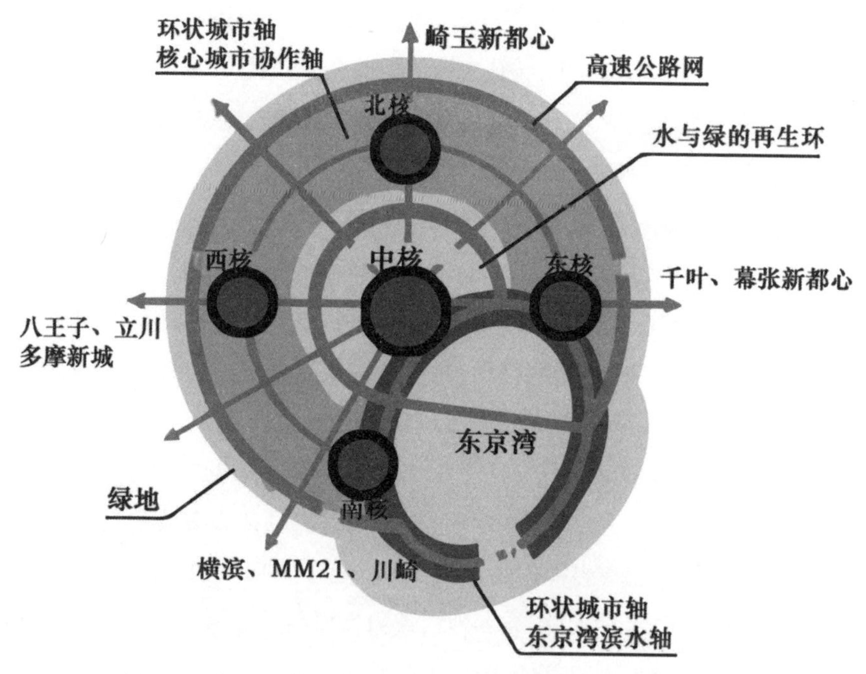

图4-2 东京环状城市结构概念图(作者根据原资料修改)

四 东京都城市发展构想

(一)问题与理念

东京都面临的主要是人口变化、超高龄社会、城市国际竞争力低下、温室化与环境问题、防灾系统建设、大规模居住区和公寓设施老化等问题。

2001年4月,东京都发布"首都圈构想",2006年12月,发布"10年后的东京计画",2009年7月,在整合前面规划的基础上,东京都公布了最新的"东京都城市发展构想",提出了未来东京都城市建设的目标和战略性方针。确定东京都发展的基本理念为:建设富有世界魅力和人气的环境先进城市。

为实现其发展理念,"东京都城市发展构想"提出了具体目标:①

提高城市活力和国际竞争力；②可持续发展与地球环境共生；③水、绿环绕的城市空间再生；④独立性的城市文化发展、继承；⑤安全、安心、舒适的生活性城市建设；⑥多样化主体共同参与。“东京都城市发展构想”提出2025年为目标实施期限。

（二）建设环境先进城市的基本战略

（1）改善广域交通基础设施：扩充羽田国际机场，提高其国际化程度；改善都心与成田、羽田机场的可达性；提高首都圈西部航空能力；建设环状道路，干道网络化，提高公共交通系统能力；推进京滨三港（东京、横滨、川崎）联系，强化东京湾岸地区交通系统，形成物流网络。

（2）形成高度经济活力的据点：继续推进都心的行政、商业、文化、交流功能，促进发展其国际金融据点功能；副都心继续积聚行政、商业、文化、艺术等多样化功能，形成具有个性和吸引力的据点。新的据点继续增强中核功能，多摩地区大力发展高附加值产业，形成产业集群据点。（图4-3A—图4-3B）

图4-3A 埼玉新都心景观一（作者摄）

图4-3B 埼玉新都心景观二(作者摄)

(3)建设低碳城市:利用最尖端节能技术,以街区为单位降低环境负荷;促进废弃屋循环使用;促进有利于长寿的住宅供给,对现有住宅进行节能改造;改善城市热环境问题;降低都心区的过境交通量,降低二氧化碳排放量。

(4)形成水、绿网络:促进民有地绿化,发展屋顶、墙壁绿化;保护林地、丘陵、里山等城市内部珍贵的绿色空间;绿化滨水空间,形成“风道”;改善水质,促进水环境再生。(图4-3C—图4-3E)

图4-3C 东京代代木公园景观(作者摄)

图4-3D 东京台场的绿地景观一(作者摄)

图4-3E 东京台场的绿地景观二(作者摄)

(5)建设美好景观:皇居地区有重要的历史遗迹,必须形成世界一流景观;国会议事堂、东京车站需要保护眺望线;历史园林周边和滨水区,需要提高观光资源价值;神田川、国分寺崖线、多摩丘陵地形成东京的主要景观结构,需要保护好其自然地形。(图4-3F—图4-3H)

图4-3F 东京都皇居的绿地与水体(作者摄)

图4-3G 东京的历史园林——宾离宫景观之一(作者摄)

图4-3H 东京的历史园林——宾离宫景观之二(作者摄)

(6)建设居住环境设施:推进都心居住,促进职住接近;强化木造住宅区防火和抗灾能力,更新都营住宅和大规模居住区的设施。

(7)建设安全城市:推进防灾型城市建设,促进建筑不燃化和耐震化;确保紧急安全通道和城市防灾结构附近的火灾控制带;促进基干广域防灾据点和防灾公园的建设;街区建设考虑集中暴雨对策,提高防洪能力;确保东京都政治、经济中枢功能的可持续性。

(三)城市结构调整

"东京都城市发展构想"提出实现"环状城市结构"的设想。该结构体系强化区域环状交通基础设施建设,地域据点共同分担行政、商业、物流、防灾、文化等功能,形成与环境共生的城市结构。环状城市结构包括中核、北核、南核、西核、东核、东京湾滨水轴、核心城市协作轴、水与绿的再生环以及中核据点(表4-2)。

表4-2 东京都城市发展构想各部分功能

	范围	功能
中核	首都中央环状高速线内侧的地区	高等级中枢管理、居住、商业、文化功能,国际性商业金融中心
东京湾滨水轴	横须贺到木更津的湾岸地区	国内外交流功能,东京对外窗口,东京、神奈川和千叶滨海区的联系城市轴
核心城市协作轴	都心向外30—40千米位置,包含北核(埼玉、埼玉新都心)、南核(横滨、MM21、川崎)、西核(八王子、立川、多摩新城)、东核(千叶、幕张新都心)四个核心区	连接核心城市群,促进核心城市交流,形成广域城市圈结构骨架
水与绿的再生环	紧临中核,外环道围合的区域	调整街区结构,促进职住接近,解决生活设施不足,形成生态环境,提高居住质量

五 东京六本木之丘景观设计

六本木之丘位于东京都港区六本木六丁目,是朝日电视台所在,地块内分布着密集的木造房屋和小型集合住宅,且地块高差达到17米,道路狭窄,属于东京都的老旧地块。1986年,该地块被指定为“再开发诱导地区”,设立了“再开发准备组合”机构;1995年城市规划中将该地块确定为第一种市街地再开发事业;1998年成立“再开发组合”;2000年正式开始动工。基地占地面积11.6公顷,是日本国内最大的旧城改造综合体项目。

六本木之丘建设的理念为“文化都心”,融办公、居住、商业、文化、宾馆、广播、电视等多种功能于一体的复合型街区，通过与世界各地不同文化的交流，形成新的文化与信息创造性节点。主要设施包括森大厦、住宅区、露天广场和毛利庭园。

森大厦地面54层，高238米，是东京都最重要的建筑景观地标之一。大厦7层至48层为写字楼，汇聚了著名的企业总部。顶层为森艺术中心，包括森美术馆、艺术中心、展望台、俱乐部等文化交流设施。其中森美术馆位于53层，展览以现代艺术为主。艺术中心和展望台位于52层，展望台高度250米，中庭高达11米，封闭的巨型落地玻璃窗，与顶层露天观景台一样可俯瞰东京城景。

住宅区包括两栋43层高的住宅楼和一栋6层高的住宅楼，设置有566个住宅单位，提供宜人的居住环境和配套设施。

露天广场位于六本木新城中央，顶部为巨大的可伸缩屋顶。作为一处提供复合娱乐功能的场所，露天广场适于开展多种室外活动。

毛利庭园原为封建领主的园林。早在江户时代，甲斐镇守毛利秀元在此地营造庄园。1865年，该庄园被乃木希典收购。1887年，中央大学创始人增岛六一郎购得此园，改名为“芳晖园”。1977年朝日电视台收购此地。20世纪80年代成为改造项目的一部分[①]。（图4-4A—图4-5E）

---

① Mori Building Co., Ltd.: http://www.roppongihills.com/about/, 2018年6月22日访问。

图4-4A　六本木新城建筑立面(作者摄)

图4-4B　六本木新城建筑低层壁面装饰(作者摄)

图4-4C 六本木新城屋顶欧式小庭园(作者摄)

图4-4D 六本木新城人行通道(作者摄)

图4-4E 六本木新城公共艺术品(作者摄)

图4-4F 六本木新城露天广场(作者摄)

图4-5A 毛利庭园远景(作者摄)

图4-5B 毛利庭园园路(作者摄)

图4-5C 毛利庭园水池(作者摄)

图4-5D 毛利庭园水景(作者摄)

图4-5E 毛利庭园的樱花草坪(作者摄)

六 东京中城设计

东京中城位于港区防卫厅旧址,位置接近六本木之丘,是东京城区最大的再开发项目。1999年6月,日本政府公布了防卫厅旧址地块的开发方针,2001年招标,最终由三井不动产等六家公司中标。通过国际竞赛,SOM被选为项目总设计方,EDAW担任景观设计。著名建筑师隈研吾和安藤忠雄分别主持了单体建筑设计。

整个项目是由六座建筑和公园绿地构成的城市综合体。最高的建筑为中城塔,内有写字楼、会议厅、丽思卡尔顿酒店、医疗中心等设施。项目开发理念为"Diversity""Hospitality""On the green",即多样性、热情好客和绿色。[①]项目结合桧町公园,形成了4公顷的连续绿地。地面绿地与屋顶绿化大大缓和了城市热岛现象,并为消费人群带来了生态化的体验(图4-6A—图4-6I)。

① 山本隆志:《东京中城的诞生》,《建筑与文化》,2008年第1期,第93页。

图4-6A 东京中城外的桧町公园池沼(作者摄)

图4-6B 东京中城的公园景观(作者摄)

图4-6C 东京中城的大中庭(作者摄)

图4-6D 东京中城的建筑外立面(作者摄)

图 4-6E 东京中城的建筑走廊(作者摄)

图 4-6F 东京中城的户外大草坪(作者摄)

图4-6G 东京中城的户外座椅(作者摄)

图4-6H 东京中城的户外绿道(作者摄)

图4-61 东京中城的行人空间(作者摄)

第二节 街道景观的整合——筑波公园路的设计

一 公园路的历史

公园路产生于19世纪中叶开始的美国城市公园运动。第一条公园路——伊斯顿公园路(Eastern Parkway)位于美国纽约市布鲁克林区,于1870年开始建设,从布罗斯派克公园(Prospect Park)延伸至威廉斯伯格(Williamsburg),道路总宽度78米,中央为20米宽的马车道,两边种植着行道树,再往外为人行道(图4-7)。1895年波士顿建成了绿地系统——“翡翠项链”,全长16千米,通过公园路贯通了主要公园和河边湿地。1907年,大波士顿区域绿地系统建成,公园路总长度为43.8千米,连接129处公共绿地。这些公园路是美国公园系统(Park system)的主要组成部分,主要用于连接块状公园绿地并提供线形休闲游步道空间。

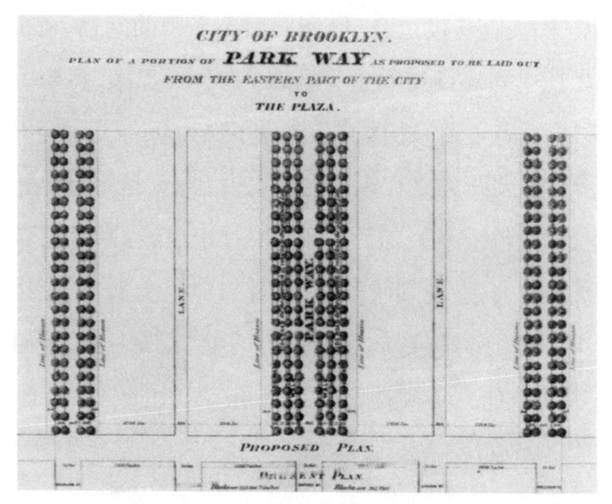

图4-7 伊斯顿公园路设计方案
(图片来源:《国外城市绿地系统规划》)

尽管19世纪中叶到20世纪初美国建造了大量公园路，但是由于步公园路需要足够的资金进行管理，因此到了二战后，原先建造的公园路大多荒废。20世纪中叶到70年代末期，随着经济发展和中产阶层的扩大，人们对于增进身心健康的户外休闲、旅游等活动的需求不断增加，但是城市化的发展导致提供休闲活动的开敞空间日益减少。1963年美国通过“户外休闲法(Outdoor Recreation Act)”，1968年通过“联邦旅游体系法(National Trail System Act)”，确保能够提供足够的开敞空间供人们进行户外活动。1959年，威廉·怀特(William White)首次提出绿道(Greenway)的概念。当时美国户外休闲空间不足，由于绿道能够充分利用河岸、丘陵等自然地势，适合组织散步、自行车运动的回游线路，而且获得用地比块状公园绿地更加容易，其休闲游览功能受到重视，原来的公园路被重新规划、建设以符合人们的休闲需要。

二战以后，随着旧城改造和新城建设的推进，城区内部系统化的步行环境和风景园林建设逐步受到重视。在新宿中心地带设计并营建了专用的步行者道路——步行者天国，极大地提升了购物舒适性体验。[①]二十世纪六七十年代，日本经济处于高速发展期。为了解决东京城市密度过大、首位度过高、区域发展不平衡的问题，在东京周边建造新城。在其规划建设过程中，筑波研究学园都市、多摩等新城注重生态环境和步行者道路系统优先，出现了城市步行公园路的理念与实践。这种步行公园路建立在人车分流的基础上，尽量排斥机动车交通的干扰，注重形成完整的步行空间。相对于单纯的绿道，城市步行公园路路幅宽度较大，在规划阶段注重联结广场、公园、图书馆、剧场、车站等公共节点，形成城市开放空间系统的轴线。步行公园路作为城市中心轴线，在筑波研究学园都市中的空间结构中具有核心地位。

---

① 高原栄重:『都市緑地の計画』，東京：鹿岛出版会，1974年，第140—143頁。

二　筑波研究学园都市的建设过程

筑波研究学园都市位于东京都东北60千米处，成田国际机场西北40千米处，是以科学研究、国际交流、教育为特征的科学城（图4-8）。它始建于1963年，作为第一次全国综合开发计画后规划建设的国家级项目，其建设目的是为了缓解东京都首位度过高和人口密度过大的压力，发挥科技集中优势，提高教育研发水平。筑波研究学园都市总面积28 400公顷，人口20万，目前科技研究人员13 000余人，研究机构、大学、高科技企业300余所，是日本最大的科研基地。

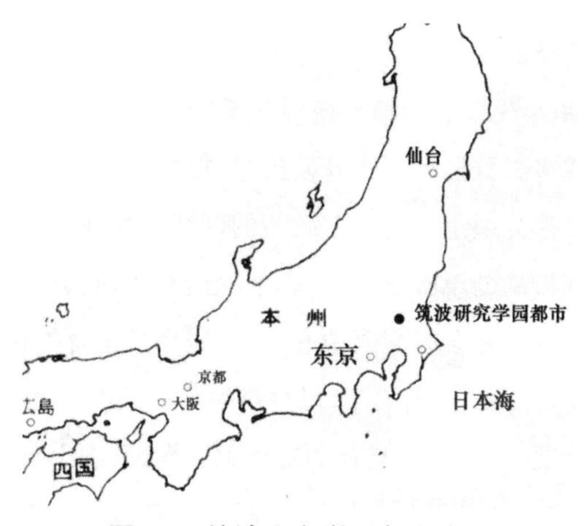

图4-8 筑波研究学园都市位置

筑波研究学园都市的建设过程大致分为三个阶段。第一阶段从1963年到20世纪80年代之前，是基础建设期。这一阶段日本内阁通过了建设筑波研究学园都市的决议，明确了城市的基本性质、功能、建设方针和措施，购买了大量的城市建设土地，制定了《筑波研究学园都市建设法》，到1980年完成了43个国家教育研究机构的转移和设施建设。这一阶段城市发展目标过于偏重于科技研发，造成城市功能不完善、城市知名度低的局面，影响了其吸纳人口、减轻东京都压力的作用。

20世纪80年代为第二阶段，是城市整治期。当时正值《第三次国土综合开发计画》实施期间，加强居住环境建设成为开发政策的核心思想。1985年召开了筑波世界博览会，主题为“人类居住与科技”，主会场选择在筑波研究学园都市。为保证博览会的顺利进行，日本投入大量资金加快了筑波研究学园都市的开发建设。投入的资金主要用于会场建设、环境整治和基础设施建设，其目的正是希望筑波研究学园都市摆脱原先过于单一的科学研究功能，提高国际知名度，形成综合、完善的科研新城，并带动周围地区的发展。博览会举办之际，共建成了中心交通枢纽、宾馆、筑波中心大厦、科技馆、商业街等设施，基本完成了城市中心街区的建设，促进了筑波从原来的科技卫星城向地区中心城市的转变。①

20世纪90年代以后为第三阶段。第四、第五次国土开发规划分别提出了形成多级分散型国土开发格局、提高竞争力、复合功能开发等政策思想。作为国土开发基本政策的延续，这一阶段，继续推动筑波研究学园都市基础设施建设，启动了轨道交通、高速公路等交通网络建设。大型的国际会议交流中心、外国研究员宿舍等相继落成，随着居住环境改善，人口逐渐增多，以科技为核心，包括文化、教育、国际交流、管理、交通、商业等的复合功能得到开发，巩固了筑波研究学园都市作为地区中心城市和世界性科技基地的地位。

三　筑波研究学园都市中心城区结构

筑波研究学园都市包括研究学园区与周边开发区两大部分。研究学园区是筑波研究学园都市中心城区，东西长6千米，南北长18千米，面积2 700公顷，主要配置国家级的研发、教育机构与配套的住宅、

① 沈玉麟：《外国城市建设史》第一版，北京：中国建筑工业出版社，1989年，第225—227页。

商业、金融、娱乐、餐饮、百货零售等设施。中心城区以外的区域称为“周边开发地区”,采用据点开发方式达到与中心城区均衡发展的目的。由于日本土地产权私有,城市建设用地需要从个人手中购买,因此城市建设用地呈现不规则与不连续的状态。

研究学园区包括三类功能区,分别为研究教育区、居住区和城市中心区。研究教育区位于研究学园区北侧、南侧外缘,根据学科种类进行配置。其中,文科类与教育科学类布置在北部,土木工程类布置在西北部,理工科类布置在南部,生物科学类布置在西南部。城市中心区位于研究学园区中部,集中配置行政、商业、金融、餐饮、交通、文化设施,其发展目标是形成区域性的具有高度自立性的城市核心,以土地高度、复合利用为特征。一条由广场、公共设施、公园绿地形成的中轴线步行公园路贯穿城市中心区。[①]住宅区布置在中心区周边和研究教育机构的邻近地区,按照居住单元布置与居住配套的商业、教育和福利设施。

四 步行公园路的路线

筑波研究学园都市的规划目标是形成以科研为主的中枢据点型城市,具有高度自立性、便利性的中核都市,以及生态、宜居的田园城市。在城区,为了形成良好的景观风貌、提升行人安全性,共建成了48千米长的步行者专用道路,联结了住宅、商业设施、学校和公园绿地。在研究学园区,由于公共服务型设施高度集中配置,为了避免高密度开发造成的环境景观秩序混乱,同时也为了生态系统可持续发展和形成田园城市标志性空间,从北部筑波大学到南部赤冢公园,规划建设了长4.7千米的步行公园路,从北向南纵贯中心城区,形成城市的纵向结构中心轴线。(图4–9)

---

① 藤原京子、邓奕:《日本:筑波科学城》,《北京规划建设》,2006年第1期,第74—75页。

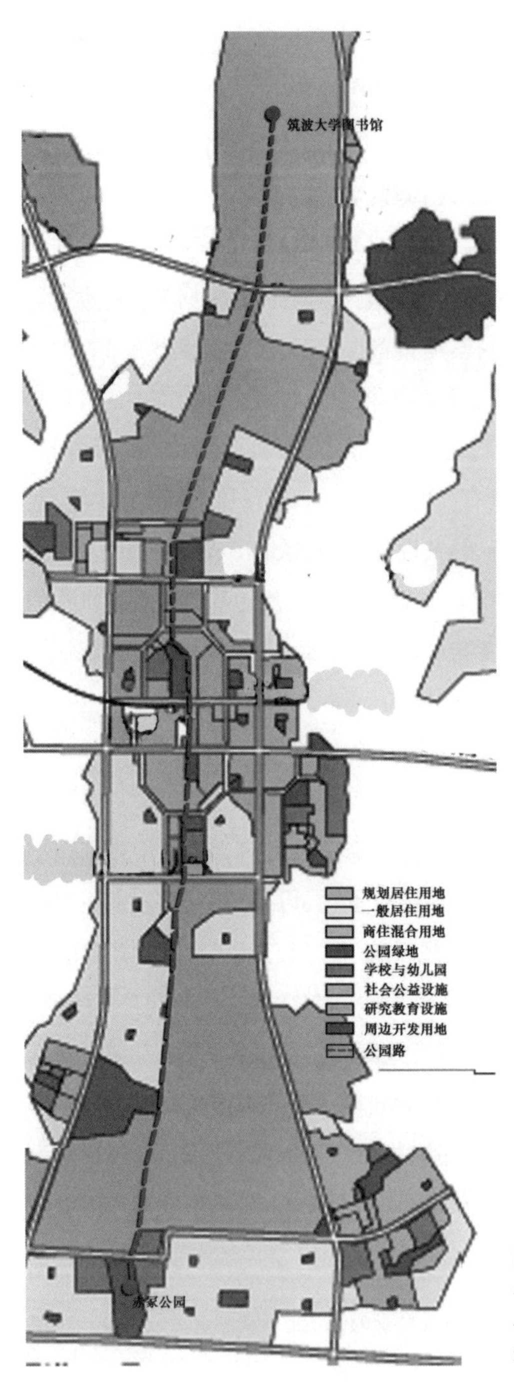

图4-9 筑波研究学园都市中心城区规划与公园路路线图(作者根据相关资料勾绘)

步行公园路开始于筑波大学中心图书馆广场,向南经过医疗急救中心与松见公园,逐渐进入中心城区范围(图4-10)。松见公园是步行公园路最北侧的城市公园,内部有大面积的散步草坪、松林与池塘,并建有标志性的展望塔。松见公园不仅是步行者与骑车者从筑波大学进入中心城区的入口,同时也为医疗急救中心提供活动场地和优美的景观。松见公园向南通过立交桥,穿越机动车流较大的北大路,即筑波女子大学,其南侧配置中央公园。中央公园靠近步行公园路一侧,设计了大面积的池塘,增加了步行者的亲水体验与开阔的景观视廊。池塘驳岸采取缓坡入水的手法,体现日本造园的风格,西侧坡地上布置大面积的树林作为水体的背景。中央公园对面为筑波博览中心,为万国博览会纪念性建筑,里面主要展出人类科技成果。博览中心南侧沿步行公园路配置市立图书馆、美术馆等公共建筑。(图4-11—图4-12)

图4-10 筑波大学图书馆前绿地(作者摄)

图4-11 中央公园边的公园路(作者摄)

图4-12 公园路景观(作者摄)

中央大道南侧为“筑波中心”，建有宾馆、筑波中心大厦和交通枢纽。中心大厦内部有音乐厅和餐饮街，步行公园路与筑波中心广场将餐饮店、宾馆、大厦、交通枢纽联结起来。步行公园路贯穿“筑波中心”继续向南延伸，沿公园路依旧配置公共建筑，如市民会馆、三井大厦、国际会议中心和附属宾馆设施。“筑波中心”以南步行公园路东侧，公共建筑之间配置大清水公园和竹园公园，以石雕、喷泉为特色。竹园公园南侧尽管有大型超市，但是已经不属于中心城区，而是以研发机构与住宅为主。

步行公园路向南延伸，经过竹园公园，逐渐进入以森林景观为特征的区段。其东侧为宇宙开发事业团的基地，西侧为住宅用地，再往南为二宫公园和洞峰公园。洞峰公园为研究学园区最大的公园，周边为产业技术研究所、气象研究所以及大面积的林地。步行公园路在林地中向南穿行1千米左右，到达南端终点——赤冢公园。

五　步行公园路设计的特点

（一）全面无障碍化设计

步行公园路的功能之一是在高密度中心城区提供完整、统一、优美的步行空间，因此，筑波中轴线步行公园路全面实施无障碍化设计。4.7千米长的路段没有台阶，所有格差均采用斜坡处理，且全部贯通导盲道。步行公园路与城市机动车道路的交叉点基本采用人车空间分离方式，即通过立交桥确保步行路的完整性。（图4-13）

图4-13 有盲道的公园路立交(作者摄)

(二)沿线开放式公园、广场与水体

步行公园路从北向南沿线为松见公园、中央公园、中心广场、大清水公园、二宫公园、洞峰公园和赤冢公园。这些公园广场全部采用开放式管理,行人可以自由进入。高密度的公园绿地和良好的步行公园路绿化使得步行公园路及其周边街区具有很高的环境品质。各个公园基本上建有池塘、喷泉、瀑布等不同风格的水体,注重步行公园路沿线的景观体验变化,提升了步行公园路的亲水性和观赏性。中心广场通过台阶、跌水将筑波中心大厦一层的餐饮街与地面二层的步行公园路联结起来。(图4-14—图4-16)

图4-14 公园路的开放式池塘(作者摄)

图4-15 筑波中心广场景观(作者摄)

图4-16 公园路联结的开放式公园(作者摄)

(三)沿线建筑二层与步行者空间全面贯通

步行公园路的地面标高与沿线建筑地面二层持平。城市中心区公共性建筑比较集中,沿步行公园路的公共建筑,包括交通换乘中心、图书馆、中心大厦、音乐厅、宾馆、博览中心,以及北端点的筑波大学图书馆和研究教学大楼,其二层均面向步行公园路设置主出入口和玄关,且通过步行公园路将这些公共性建筑的地面二层连接成统一的无障碍化步行空间。因此,步行公园路的标高大部分与建筑地面二层持平,而建筑地面一层则用于停车和机动车乘用者出入。步行公园路沿线的建筑物,其地面二层标高均通过街区设计手段和特殊协定控制在相同的平面上。这样,人们在徒步和骑自行车的时候,可以直接通过步行公园路到达沿线建筑的二层出入口,公共步行者空间与建筑二层连成统一的整体,与机动车道路实现了完全空间分离。(图4-17—图4-18)

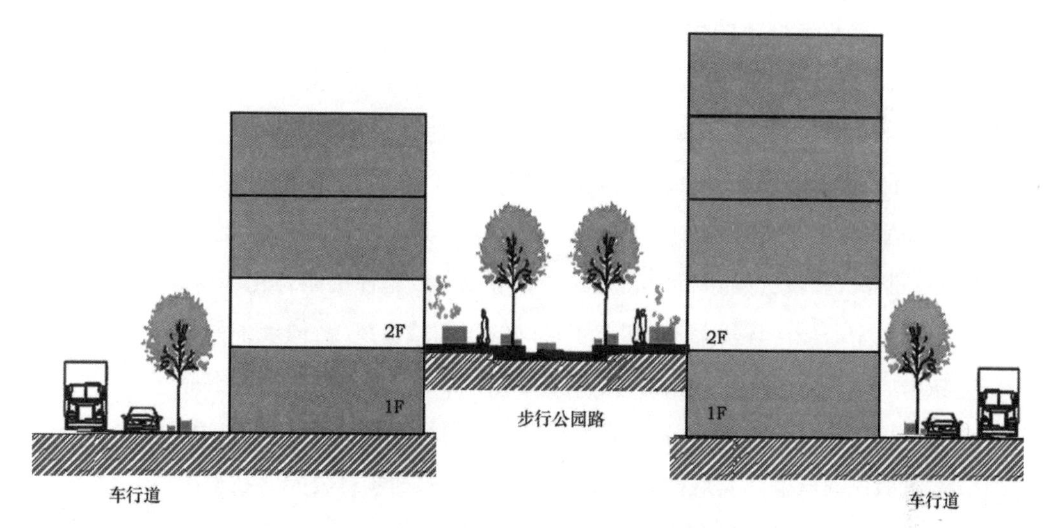

图4-17 公园路剖面示意一(作者制作)

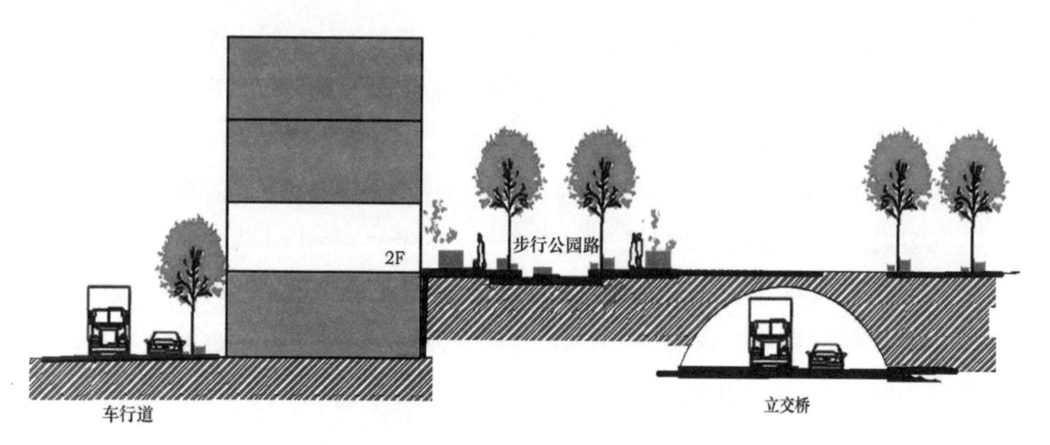

图4-18 公园路剖面示意二(作者制作)

六　步行公园路的功能与意义

筑波研究学园都市所代表的日本科技城,其建设目标与理念与其他城市有很大不同。在总体规划阶段,即设定田园城市、宜居城市和多文化并存是城市的主要发展目标之一。因此,在高密度的中心城区,以步行公园路作为纵向中轴线,以公园绿地为生态节点,首先建成城市的核心绿色生态基础设施系统,在开发建设过程中体现生态优先、环境优先的建设理念,形成城市生态化、田园化和秩序化的物质空间环境,避免以前卫星城据点开发方式下中心城区出现的环境问题。

其次,步行公园路将中心城区公共节点连成整体的园林化环境,提升了中心城区环境品质,塑造了良好的田园城市风貌,体现了科技城市应有的城市形象。现在,筑波研究学院都市已经发展成为日本最大的科技研发基地,上万名科研人员来自不同的国家和地区,可以说,适宜居住的城市环境是重要的吸引力因素之一,而步行公园路在塑造城市环境方面又发挥着重要的作用。

步行公园路不同于一般意义上的绿道。绿道本身是线性的通道,而步行公园路除了用于步行、自行车出行以外,还具有空间结构性作用。以步行公园路作为城市中心轴线,对沿线建筑物的形态,尤其是中心城区公共建筑物形态起到协调、统合的作用,促使不同个性的建筑物必须统一到街区整体环境体系中去。这体现出与以往不同的城市发展策略,即重视开放空间、绿地系统、步行慢行体系和以人为本的规划理念,并要求从总体规划、街区设计,到建筑设计和园林设计,做到无缝衔接,这对于城市规划体制与管理体制是非常大的考验,也反映不同的城市在精细规划管理方面的差距。

第三节　筑波大学的校园环境规划设计

一　筑波大学环境条件

筑波大学是日本国立综合大学,其前身为东京教育大学。东京教育大学本来位于东京都内,20世纪60年代起,由于本身扩充的需要,学校整体转移到了筑波研究学园都市,并改名为筑波大学。筑波大学占地250公顷,是日本面积最大、学科门类最齐全、学生人数最多的大学之一。

筑波大学位于东京的东北方向约60千米处,筑波研究学园都市的中央部,北面有筑波山,周围农地多,自然环境优美。距离日本高速电车站土浦车站乘车约30分钟路程,从东京车站经过常磐高速公路乘车约40分钟路程。

筑波大学的基本办学理念为:

* 在基础和应用科学方面,深化和国内外教育研究机构以及社会之间的紧密、自由的交流联系,通过学科之间的协作,进行教育和科学研究,培育具有创造性知识的人才,发展学术文化。

* 建立一个面向国内外的开放式大学。

* 适应不断变化的现代社会,开发具有国际性、多样性、适应性的教育研究功能和运营组织,以及具有责任心的管理体制。

筑波大学基地位于稻敷台地上,往北10千米处有标高876米的筑波山,冬季气温比同纬度的周边区域低2—3℃,冬季西北风强劲,春季周围耕地吹来的砂土较多。雨量、日照量、降雪等和关东平原其他地区基本相同。

校园地形平坦,基地大部分地区标高在24—27米之间,高差不超过10米。地下有1—2米厚的关东沃土层,再往下是黏土层。可以支撑建筑物的土层厚度为10—12米,不适于建设高层建筑。地下水位很高。

基地潜在自然植物是白栎群落典型亚群落,现存的植物是红松林、芒草原。倾斜的坡地上有赤杨、麻栎群落,低地是芦苇群落。现存树林大部分是树龄不超过35年的红松,基本没有大树、老树,没有特别贵重的植物群落和种群。基地内只有一处水塘的周围植物具有相对较高的保存价值。白栎、光叶榉、赤杨等树木已经不存在。

建设之前,校园基地中林地(主要是红松林)占30%,耕作地(果树林、草种培育地等)占30%,农地30%,其他用地10%。土地利用密度很低。大部分农地过去曾经被开垦、耕作、废弃。水田形成的低洼地,不适于做建设用地。

大学基地中的南半部分与城区接壤,北半部分的东西两侧均和农村接壤,属于城市化调整区域。校园跨农村和城区,与农村和城区相互影响。(图4–19)

二　基本规划理念

考虑到能够容纳以研究、教育活动为主的多种类型活动,提供给学生、教职工以及家庭成员舒适的生活环境,以及和周围地域社会的关系,筑波大学校园环境规划确定了以下九条基本原则:

* 长期、充分地发挥大学的多种功能,适应研究教育活动的发展变化。

* 大学的设施和设备的规划,应当符合建设先进大学所提出的高标准要求,并大幅提高基础设施的建设水平。

* 大学与城市之间有空间和功能上的连续性,大学校园作为大学和市民交流的场所,规划为开放性的而非闭合性的空间。同样,对于居住和学习在大学的人们,大学应该有归属感,必须具备独特而且有

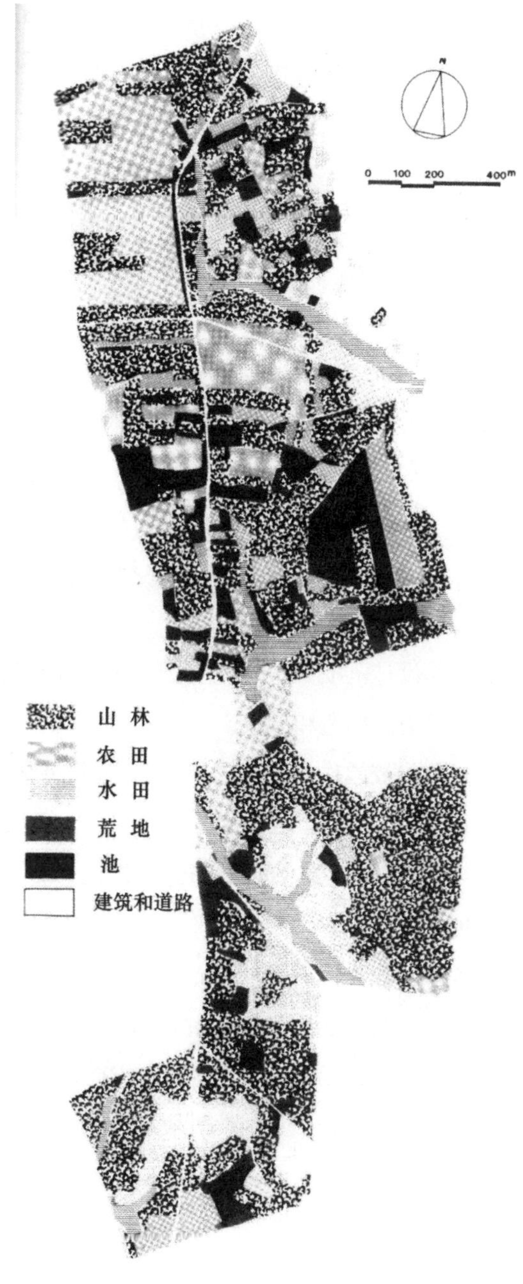

图4-19 筑波大学建设前土地利用图
（作者根据原资料修改）

个性的空间。

＊ 确保自然环境和适度的高密度都市空间。景观设计富于变化，与大学的生活空间相适应。

＊ 主要功能集中配置，重视校园内交通方式，提升效率。

＊ 进行大学的设施、环境的规划和设计，有必要听取各方面的意见，得到相关者的协助，对于象征性的设施应该委托优秀的建筑家进行设计。

＊ 为了使大学校园的规划与大学所具有的研究、教育、管理职能的变化相适应，在设置专业性的、全学校范围内的委员会的同时，可以考虑设置常务性的规划设计组织。

三　总体设计

总体设计范围250公顷，目的在于明确空间构成系统、基本设施和构造物的空间构造和形象。

规划将校园作为一个统一的整体，并将其置于全校性的管理框架之下，按照不同的功能和用途区分利用。为了防止土地建设过于分散，将建筑区和开放空间区进行分类，前者尽量集约利用，并且确定每个功能区的容积率。

根据功能和性质，将建筑区分为8个功能区，每个功能区的面积为5—20公顷，针对各个功能区进行独立设计。建筑和室外空间的设计，首先设定设计导则，统一控制位置、方向性、范围、高度、色彩。

开放空间由绿地、体育场、农场、植物园等构成。绿地占总面积的三分之一，约80公顷。（图4-20）

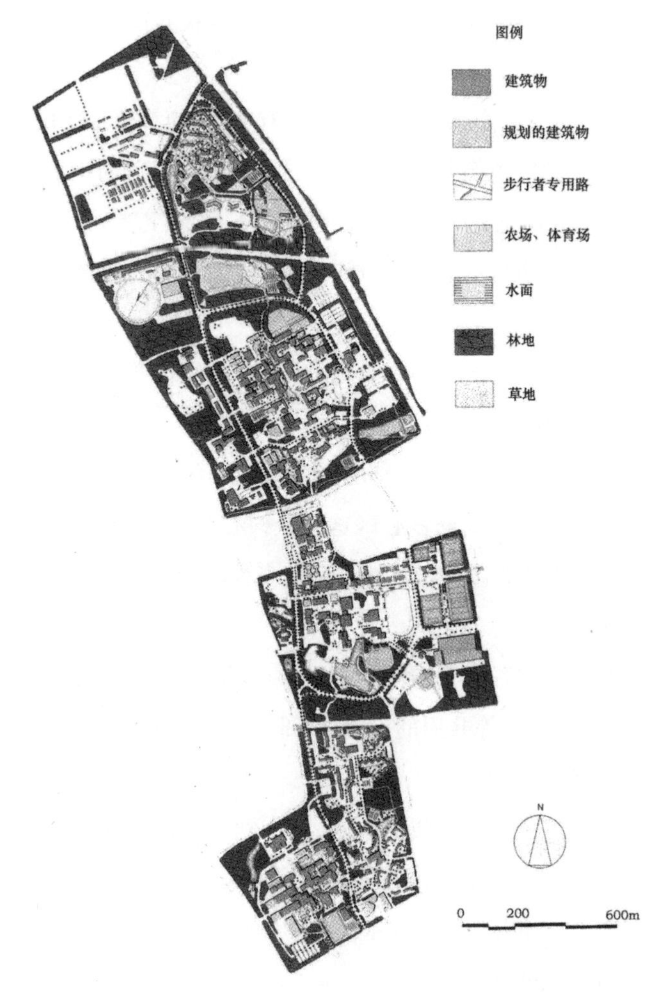

图4-20 筑波大学规划平面图(作者根据原资料修改)

四　空间构成

在配置建筑设施之前,为了长期保持校园环境的自然特征,规划以现存的红松林为中心,由周围防风林、大学公园、修景绿地、水面、大面积的草坪等组成校园绿地系统。

保持大学和城市空间的连续性，创造开放式的校园，周围不设置门、墙等。

为了使过于平坦的校园基地地形富有变化，应该将地形的控制贯穿整个设计过程中，并且根据步行道路的高低变化实施对地形的控制。

基地的地表面全部实施绿化或地面装饰，不留空地。

人车的交通动线不仅全部分离，在各个学术中心建筑群范围内，交通还要实行彻底的立体分离。

校园中央的狭窄部分为中央核心区，集中配置学校共用的设施，成为整个大学的焦点。

中央核心区往北、往南分别配置北部核心区、南部核心区。中央核心区、北部核心区、南部核心区这三个核心区和西南端的医学核心区共同构成学术核心区。学术核心区是多种功能的集合空间、复合性土地利用地区。

北部核心区配置第一、第二、第三学群的设施，和相关的学系、研究生院、中央图书馆等共用的设施，南部核心区配置体育和艺术学群和相关的研究生院与学系的设施。

在与城区接壤的校园西南地区，考虑到周围地区利用的方便性，集中配置附属医院和医学相关的设施，形成医学核心区。

都市中心轴和大学相接的基地最南端，规划为文化区。这个区成为大学和都市之间交流区。

北部核心区的西侧为研究中心区，集中配置和理工学相关的学术设施，是开放程度最小的地区。

北部核心区的东侧到北端的松美池是大学的公园区，配置有俱乐部、行政管理大楼等设施。

南部核心区的东侧为体育运动区，考虑到周围居民利用上的方便性和与体育学群的关系，配置运动场等设施。

距离都市最远的为校园西北部的农场和相关设施。

居住区分为南居住区、北居住区，分别配置在文化区以北、公园区以北地区。

整个校园的土地利用分为三大类，分别为开放空间用地、建筑用地和交通服务设施用地（表4-3）。其中开放空间用地又分为大学绿地、功能性室外绿地。建筑用地分为集中建筑用地、独立设施用地、居住用地。

表4-3　用地分类表

<table>
<tr><th colspan="2">用地分类</th><th>面积（公顷）</th><th>备考</th></tr>
<tr><td rowspan="3">开放空间用地</td><td>大学绿地</td><td>80</td><td>树林地、大学公园、休闲空地</td></tr>
<tr><td>功能性室外绿地</td><td>60</td><td>运动场、农场、植物园</td></tr>
<tr><td>小计</td><td>140（57%）</td><td>—</td></tr>
<tr><td rowspan="4">建筑用地</td><td>集中建筑用地</td><td>50</td><td>北部核心区、中央核心区、南部核心区、医学核心区</td></tr>
<tr><td>独立设施用地</td><td>10</td><td>研究中心、文化中心</td></tr>
<tr><td>居住用地</td><td>30</td><td>南居住区、北居住区</td></tr>
<tr><td>小计</td><td>90（37%）</td><td>—</td></tr>
<tr><td colspan="2">交通服务设施用地</td><td>15（6%）</td><td>干道、能源供应中心</td></tr>
<tr><td colspan="2">合计</td><td>245</td><td>—</td></tr>
</table>

五　绿地环境规划

（一）规划方针

绿地（植物）是环境形成中最重要的要素之一。植物中，相对于草本类植物，立于土地之上、生长变化更为明显的树木类，和建筑物一起共同构成形成环境的两大要素。作为环境素材，树木和其他植物一样，它的最重要特质在于生命性。正是因为这种生命性，大部分的树木被人们所欣赏，并且能够起到缓和各种人工物质和社会所滋生的紧张感，带给人们赏心悦目的效果。

筑波大学校园环境规划中，树木和其他植物的配置必然会对空间的质量产生根本的影响。

校园基地的三分之一约80公顷的土地规划为永久保存的大学绿地，从而避免了由于建筑用地的扩张等原因而导致的绿地缩小和环境恶化的问题，绿地规划对环境建设必将起到主要作用。

尽可能保存校园中现有的红松林，在此基础上，通过绿地建设形成长期的、稳定的植被群落。

（二）绿地的建设方针

（1）校园基地大地形平坦缺少变化，以红松林为主的树林景观单调。为了创造丰富多彩的绿地空间，有必要采取多样化的种植方式。通过不同色彩、不同生长季节的树木的配置和栽培带给人们季节感、生活的节奏感和韵律感。

（2）绿地大致分为树林地和草地。草地是开放性的空间，它提供给人们自由活动的场所。林地虽然可以根据种植密度产生多样化的景观效果，但与草地相比较，空间的闭合性强，对行动的制约也比较大。另外，草地的造价低，维持和管理的费用高。树木的造价虽然高，后期整治基本不用花费。因此，在注重两者的平衡性的基础上，规划上应注意控制草地、多建林地。

（3）为了防止冬季的寒风和春天的沙粒，校园外围，特别是主要设施的西北侧设置由常绿树组成的林带。

（4）种植的手法应尽量贴近自然。避免单独使用园艺品种，避免平面几何形的造园风格。尽量使用白栎、光叶榉、赤杨、红松等当地的树种。

（5）绿化应该反映各地区的特性，强调疏—密、常绿—落叶、华丽—厚重等对比性。比如说，在步行道路，以花木类为中心，塑造华丽且富于变化的植物景观，在干道两侧种植高大厚重的乔木，或者在大学附属医院的前庭创造庭园式的绿化风格。

(6)种植密度根据各种树木的标准树高和树形决定，避免过密地种植。

(7)由于行道树对质量均等的树种需要量大，为了避免市场供给出现短缺，作为绿地规划的一环，在校园内设置苗圃，自给自足。从播种到培育，苗圃应实行认真管理，确保能够长期供应大学校园绿化所需树木的能力。

(三)绿化规划

绿化规划包括绿化面积的确定、种植密度的确定、树种的选择三部分。

表4-4显示了各地区中绿地的面积。绿地总量为133公顷，约占总面积的56%。其中植林地为65.4公顷，既存林地28.8公顷，草地32.3公顷，水面6.5公顷。植林地区包括既存林地和植林地两部分，总共94.2公顷，是绿地空间的主要组成部分。

表4-4 各地区绿地的面积(单位:公顷)

	绿地空间				室外空间	交通空间	建筑空间	总计
	既存林	植林地	草地	水面				
自然保护绿地	3.1	1.4	0.4	1.1	—	0.1	—	6.1
周围保护绿地	8.6	20.5	0.5	—	0	0.4	0.1	30.1
利用绿地	11.4	13.5	12.1	4.7	1.0	1.5	0.4	44.6
一般绿地	1.4	1.2	5.2	0.4	0.9	3.3	1.6	14
运动场	0.4	2.7	3.3	0	8.6	1.7	0.7	17.4
交通用地	—	—	2.0	—	—	10.1	—	12.1
建筑用地	1.5	22.2	8.8	0.2	1.4	17.6	23.7	75.4
室外试验场	2.4	3.9	—	0.1	27.5	2.2	1.9	38
总计	28.8	65.4	32.3	6.5	39.4	37.0	28.3	237.7

第一次全校性绿化时，计划种植10万株，其中乔木5万株、灌木5万株。1976年修正了绿化目标，乔木增加到了10万株，灌木增加到了15万株，总量达到25万株。

公园的种植密度以文部省颁发的标准（乔木0.0625株/m^2）为准，其他地区的种植密度则由大学自己所决定。既存林的绿化应当选定以白栎为中心，可以长期支撑周围林带生态系统的苗木。既存林的种植密度，既要考虑完善红松林为中心的林带，又要注意有利于以白栎为主的替代树种的生长，另外为了稳定生态系统，还要注意乔灌木的搭配。全部25万株的植树量，全校平均10m^2/株，植林地4m^2/株。

筑波地区地下水位高、黏土层厚、冬季气温低均不利于树木的生长，限制了树种的选择范围。环境设计中常用的常绿阔叶树一般要求气候温暖，大多不适于本地区栽种。经过试验，规划采用的树种约200种，其中针叶树21种、常绿阔叶树55种、落叶阔叶树124种，乔木类76种、灌木类49种、丛木类69种、藤木类6种。

（四）绿地空间规划

绿地空间规划包括行道树、象征树和地面绿化规划三部分。

行道树，具有防晒、景观、体现个性化等功能，能够给材料和形态过于单调、缺乏生命力的道路空间带来变化。因此，行道树是功能最强的绿地环境要素之一，它的设计成功与否可以左右环境的质量。

筑波大学的行道树规划是环境建设规划的一部分，不仅包括树种的选择和栽种方法，还注意到与道路构成和周围用地的关系。道路分为一般道路（以下简称道路）和步行者专用路（以下简称步行道），分别进行行道树规划。

道路行道树规划，以彰显道路的个性为主要目的之一。因此，中央和两侧的植树带宽度上应有变化。为了确保能够满足树木生理上必需的环境条件，设置宽1.5米以上的绿化带，以维持土壤状态，确保集水区面积。植树带下不埋设管道、线缆等。道路断面构成中，车行道高度应略低于人行道，两道之间设置斜面绿化带。一般行道树需要定期修剪。筑波大学的行道树选用自然树形良好的树种，使用坚固的树木支撑物，使其自然发育，不进行定期修剪。

环行干道的行道树种植在人行道两侧，为了加强厚重感，共种植4列。东侧人流量大，公共性强，种植4列树形明显、有代表性的光叶榉。干道西侧相对比较安静，种植乔木——白栎，白栎的内侧种植三角枫。南环线辅路内侧种植鹅掌楸，外侧为白栎。两条横向的进出路路幅较宽，中央布置绿化隔离带，北面的隔离带种植山茶树，南面的使用杜鹃。大学附属医院的主要进出道路中，两侧各配置1列日本七叶树，中央隔离绿带使用光叶榉。（表4-5—4-6）

步行道的行道树设计应考虑和周围植被的关系。同一树种、同一树高的树木不应反复使用，注意高、中、低树木的协调搭配。适应徒步移动空间的特性，追求季节感和多样化的景观效果，主要使用樱花树为主的花木和红叶类树木。

在大学会馆前、校园入口、大学附属医院前、体育和艺术学群区（南部核心区）广场、兵太郎池等处设置象征树。（图4-21）

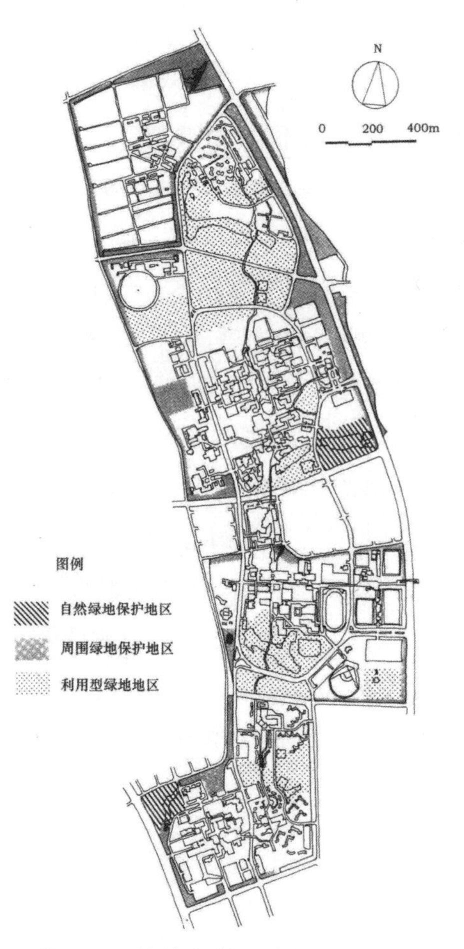

图4-21 筑波大学绿地保护规划图
（作者根据原资料修改）

表4-5 行道树数量表

<table>
<tr><th>道路</th><th>种植方法</th><th>种植位置</th><th>数目</th><th>树种</th><th>道路名称</th></tr>
<tr><td rowspan="2">环行干道东侧</td><td rowspan="2">双列</td><td>内侧</td><td>258</td><td>光叶榉</td><td rowspan="2">光叶榉大道</td></tr>
<tr><td>外侧</td><td>323</td><td>光叶榉</td></tr>
<tr><td rowspan="2">环行干道西侧</td><td rowspan="2">双列</td><td>内侧</td><td>258</td><td>三角枫</td><td rowspan="2">三角枫大道</td></tr>
<tr><td>外侧</td><td>323</td><td>白栎</td></tr>
</table>

续表

道路	种植方法	种植位置	数目	树种	道路名称
环行干道交叉点	双列	北	100	银杏	—
		南	166	白栎	
南环行辅路	双列	内侧	174	鹅掌楸	鹅掌楸大道
		外侧	395	白栎	
北环行辅路东侧	单列	内侧	185	水杉	落叶大道
北环行辅路西侧	单列	内侧	160	悬铃木	悬铃大道
中央进出路	双列	内侧	13	光叶榉	茶花大道
		外侧	20	光叶榉	
		隔离带	—	山茶	
体育场进出路	双列	内侧	42	光叶榉、杜鹃	杜鹃大道
		外侧	36	光叶榉、杜鹃	
		隔离带	—	杜鹃	
大学医院进出路	三列	内侧	13	七叶树、杜鹃	七叶树大道
		隔离带	6	光叶榉	

表4-6　象征树配置概要表

位置	象征树	目的与意义
大学会馆前	光叶榉(1株),树高15米,直径1米	大学会馆是大学中心性的公共利用设施,面向整个地区开放,本身具有象征意义;为了强调这种象征性,和会馆前广场的石柱并列种植光叶榉
校园入口处	樱花树(1株)	位于中央进出路和环线的交叉点,该树树龄超过50年,从筑波大学前身——东京教育大学移植过来
大学附属医院前	樟树(3株);树高10—12米,直径1米	位于校园南端附属医院的前庭,樟树的绿色较为明亮,有助于带来愉悦感
体育和艺术学群区(南部核心区)广场	榆树(12株)	该广场位于体育和艺术两部门之间;榆树透光性好,树冠面积大,可以遮住整个广场

续表

位置	象征树	目的与意义
兵太郎池	杏树(3株)	学术核心和北部居住区之间的绿地中,建设有长度超过600米的池塘——兵太郎池。该池塘东端与步行道接壤的地区,有红松林和临水看台,景观优美。为了增加色彩对比效果,在红松林前面种植色彩比较华丽的杏树
北部步行道	杨柳(1株)	唯一的1株现存独赏树,与步行道巧妙结合,成为北部居住区的门户

外部地表面可分为铺装和绿化两部分。校园内除了建筑、道路、树林和水面以外,外地表面面积有40公顷左右,其中,铺装占其中的20%,其他80%为绿化。考虑到场地特性和绿化材料的美观和经济、适用等因素,将绿化地面分为4类:第一类在建筑物的前庭和主要道路的两侧。这类地面应重视美观性,实行较好的管理。因为造价高,将其面积限制在20%以下。第二类为居住区的中庭和运动场,占30%左右,绿化应重视耐用性,实行一般管理。第三类为粗放型的绿化地,面积占45%,基本不需要进行日常维护。第四类为无法进入的小空地。

(五)景观规划

筑波地区属于纯农村式的景观,筑波山天际线、散落在原野上的农村村落,在平面上伸展开来的水田和红松林等构成了主要的自然景观要素。然而,地形平坦,景观要素种类少,人工性的景观要素基本没有,造成了校园建设前景观过于单调的状况。

筑波山代表着地域的传统和风土,是重要的景观要素。然而,山峰与大学中心基本呈仰角3.8度,视觉上的认知感弱。分散的林地由于地形平坦,无法形成丰富的景观形象。因此,景观规划的基本方针为:

(1)尽量多预留或设计出能够望见筑波山的场所。由于大学校园主轴和筑波山之间的视线呈40度夹角,道路和步行专用路多采用弯曲的形态。

(2)尽量使用乡土树种,保持校园和周围林带的连续性。

(3)校园内部,明确区分以林地为主的自然景观区和以建筑为主的人工景观区,加强两者之间的对比性。

(4)导入水体景观,丰富景观要素。

(5)通过步行专用路的高低差设计加强移动时视点的变化感。

(6)配置少量的高层建筑作为地区的景观标识物。作为景观标识的高层建筑天际线应明显高于林地的天际线。(图4-22A—图4-22C)

图4-22A 筑波大学绿地景观(作者摄)

图 4-22B 筑波大学道路景观(作者摄)

图 4-22C 筑波大学教学区景观(作者摄)

第四节　横滨的城市设计

一　横滨城市的演变

横滨市位于日本神奈川县东端，东临东京湾，北接川崎市，西面为大和市和藤沢市，南面为镰仓市和横须贺市，市中心距离东京都中心区为30千米左右。横滨市市区总面积为437平方千米左右，人口350万，是仅次于东京都23区的日本第二大城市。

自11世纪末期至15世纪，横滨地区处于平子氏统治之下。江户幕府时期，横滨基本处于德川幕府直接统治之下。1858年，日本与美国、荷兰、英国、法国、俄国缔结了通商条约，次年横滨被定为通商口岸。1889年，在原来口岸的基础上建立横滨市(图4-23)。日益频繁的海运贸易，使横滨迅速发展成为近代交通贸易型城市。20世纪上半期，随着加工业、制造业的发展和太平洋重工业带的形成，横滨逐渐向工业城市转变。

图4-23 早期横滨港口
(图片来源:『都市デザイン｜横浜その発想と展開』)

二战结束后，横滨人口迅速增长，成为日本的六大城市之一(其他五座大城市为东京、大阪、名古屋、京都、奈良)。第三产业增长迅速，

20世纪70年代以后，形成了以商业、服务业、居住、观光、交通、制造业为主要功能的地区综合性城市。区位关系上，横滨是日本主要的国际性贸易港口、太平洋工业带内的制造基地，作为东京都的卫星城，起到了吸纳东京人口、提供就业机会、分散首都功能、缓解首都压力的作用。

横滨的建设经历了三个不同的阶段：第一阶段是从开港到19世纪末20世纪初，这一阶段以港口设施建设为主；第二阶段为20世纪上半期到20世纪70年代，在经济高速发展的指导目标下，横滨成为典型的重工业城市，京滨工业产业带[①]的节点城市；第三阶段为20世纪70年代以后，人们追求生活环境品质，为了形成优美的城市空间，设置了城市设计制度，对横滨滨水区功能的认识也从原来单一的物流功能向以物流、生活、休闲观光并重的复合功能转变。

二　横滨城市设计的发展

20世纪60年代日本进入经济高速成长期，为了改善横滨日益恶化的城市环境，引入了城市设计制度。1970年，横滨市政府规划建设部门正式设立城市设计负责人职位，确立了城市设计七大目标。七大目标依次为：

(1)塑造以步行者为中心的环境空间，提高安全性与舒适性。

(2)珍惜城市的自然特征、地形和植被。

(3)确保高密度城区开敞空间、增加绿量。

(4)增加广场空间，促进人与人之间的交流与交往。

(5)保护、利用海洋、河流、池塘等滨水空间，提高城市的亲水性。

(6)保护历史资源，重视文化资产。

① 京滨工业产业带为以东京为中心，以横滨为重要节点，包括千叶、川崎等地区的临海型工业区。

(7)追求城市形态美感。[1]

七大目标体现了人们对历史、自然、滨水等环境资源的保护和步行、休闲、文化活动以及街区景观形态方面的基本要求。之后,横滨根据这七大目标,迅速展开了城市设计的实践活动。其实践活动大致分为三个阶段:20世纪70年代为城市设计的普及阶段、20世纪80年代为资源开发阶段、20世纪90年代为滨海开发阶段。每个阶段都具有不同的特征和战略重点。

20世纪70年代提出城市设计七大目标后,重点为普及城市设计,初步建立起行政机构、地方民间团体、企业之间的设计协调体制。这一阶段,城市的各种建设活动如公共建筑、道路、公园、商业街以及新的居住区等,都采取了城市设计制度,初步显示了城市设计对改善地区环境的有效性。但是由于缺乏资金和人才,城市设计活动的战略重点主要是围绕中心城区进行。代表性的成果是"绿轴(Green Axis)"构想。绿轴是沿着废弃运河建设的绿色步行道路,长度约3千米,通过带状公园和广场连接了地铁、公交枢纽和市政府大楼以及文化、体育、教育公共建筑,最终构成了中心城区的结构轴线。绿轴成为横滨城市设计的标志性起点。

公园大道是绿轴的主要组成部分,设计于1971年,完工于1978年,是带状公园与道路相互结合的空间形态,中间为公园,两侧是机动车道。公园大道全长1.2千米,宽30—44米,总面积3.6公顷,连通了3处地铁车站。公园大道由三个部分组成,从北向南依次为石广场、水广场、绿色森林区,石广场的铺装材料基本为石料,并设置可以供3 000人使用的室外舞台。水广场是以水为表现主题的广场,除了瀑布跌水外,还有亲水区和涡水池。绿色森林区的面积最大,提供人们休息、散步的场所。(图4-24—图4-27)

---

① 王建国:《横滨城市设计的历史经验》,《新建筑》,1997年第1期,第18-23页。

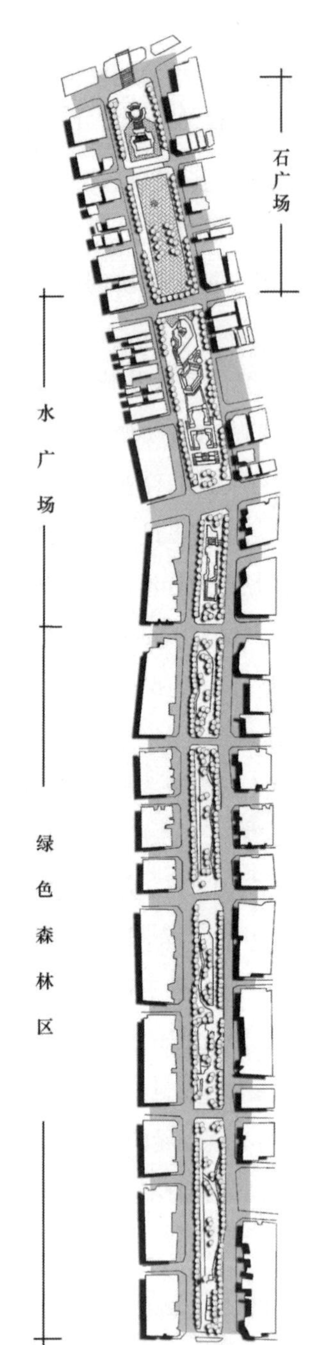

图2-24 横滨公园大道平面
(作者根据原设计图勾绘)

图4-25 横滨“绿轴”公园大道中的雕塑(作者摄)

图4-26 横滨“绿轴”公园大道中的水景(作者摄)

图4-27 横滨“绿轴”公园大道沿线的下沉广场(作者摄)

进入20世纪80年代，各类环境整治和景观建设方面的组织与制度逐渐完善起来，进一步促进了城市设计的发展。这一阶段，城市资源的利用与保护逐渐成为横滨城市设计与城市建设的重点。20世纪80年代，市政府开展大规模的历史资源和以水体、植被为主要内容的自然资源调查，并且出台了一系列以“历史、水、绿”为主题的规划和规章制度。如1988年制定的《历史性街区城市建设纲要》和《滨水城市、绿色城市建设构想》，推动了历史资源和水环境的开发利用与保护。(图4-28—图4-32D)

图4-28 横滨街道景观(作者摄)

图4-29 横滨街道广场(作者摄)

图4-30 横滨街头水景(作者摄)

图4-31 横滨街头亲水池塘(作者摄)

图4-32A 横滨街头公园一(作者摄)

图4-32B 横滨街头公园二(作者摄)

图4-32C 横滨街头公园三(作者摄)

图4-32D 横滨街头公园四(作者摄)

20世纪90年代，滨海地区的景观、休闲、旅游价值被重新认识，城市设计与建设的重点转向滨海地区。海边的Minato Mirai21（MM21）和北仲、Portside地区是资本的主要指向地，成为城市设计成果集中的地区。这些地区制定了不同的城市设计目标和导则，出现了民间的城市设计推进团体。①

三　滨水区城市设计

横滨是港口城市，不仅临太平洋，市区内还有鹤见川、大罔川、帷子川等河流流过，其城市的发展与水息息相关。提高亲水性是横滨城市设计七大目标之一，滨水地区的设计因此成为城市设计的重要内容。横滨滨水地区设计包括滨河和滨海地区设计。

滨河地区的设计主要是围绕鹤见川、大罔川、帷子川等进行，主要理念体现在1989年制定的《鹤见川河流管理基本规划》中。该规划提出"以河流作为横滨城市发展的坐标轴线，挖掘河流的自然性、空间性、生活性、历史性和文化性"的理念。并且提出四大设计方针：①滨水空间与街道空间实行一体化设计，把握城市与河流之间的关系，在合理配置功能的基础上，进行综合整治；②重视生态系统，流域资源网络化，形成横滨城市的自然基础；③通过恢复水循环，减轻河流的负担，以河流为中心打造防灾救助基地；④促进市民在滨水空间的活动，创造新的水文化。

规划中将滨河地区划分为大、中、小三级据点（表4-7）。实行人车分离，将河边道路尽量改造成为具有休闲散步功能的步行道，连接各类据点，形成步行系统网络。确保与河流相连接的开敞空间，公共与公益设施尽量配置在沿河地带，通过设计导则引导形成优美的河岸景

① SD编集部：『都市デザイン　横浜その発想と展開』，東京：鹿岛出版会，1993年。

观。同时，为了唤起人们对滨河空间的关心，积极举办相关的活动。

表4-7　横滨河流管理基本规划中的滨河据点

据点级别	据点内容
大据点	车站、大型公共设施、大规模绿地等对城市起重要作用的空间
中据点	河流的交汇处、道路的交点、地区性设施所在地等对城市起一定作用的空间
小据点	道路之间的节点和交点、桥梁、小型休息处等

经过近20年的设计实践与建设，横滨滨河空间取得了大量的设计成果。其中比较重要的成果有鹤见地区滨水副都心整治、大冈川环境整治、帷子川亲水绿道、横滨新车站滨水区、和泉川亲水广场、三泽绿道等(表4-8)。

表4-8　横滨滨河空间设计主要成果与要点

名称	位置	建设前的环境特点	设计的要点
鹤见地区滨水副都心	横滨最大河流——鹤见川的下游	鹤见川上游为农业用地和田园风景为主；中下游的建筑密度逐渐增大，为防洪修建了钢筋混凝土大堤，景观面貌较差	桥梁、船库改造为景观标志物，河岸两边道路改造为步行道，建设亲水公园，增加绿化
大冈川河道	横滨西端	大冈川为横滨第二大河，河边城市化现象严重，缺少开敞空间	结合大堤形态建设落差式步行道路
帷子川亲水绿道	与港口相连接的帷子川中游	帷子川为典型的城市内河，周围建筑密度大	亲水绿道连接车站，大雨时候可以储存水量，具有防洪和亲水功能；岸边采取自然式驳岸，追求生态体验效果
横滨新车站滨水区	鹤见川的支流鸟山川边	横滨第二中心区，建筑密度和人口逐年增加	游水地、体育场、广场、湿地植物园一体化设计

续表

名称	位置	建设前的环境特点	设计的要点
和泉川亲水广场	横滨西南端和泉川边	具有原始的、连续的自然景观	具有防洪功能的亲水广场，设计着眼于自然生态保护和恢复，强调野趣
二泽亲水绿道	东端神奈川区反町川	原先河水经常泛滥，给周边居民造成不便，后来河道被废弃；河道周围有大片绿地	周边绿地网络化，形态多样的步行道和人车共用道路共存；吸取地下水循环使用补给水源

四　横滨MM21滨海区景观控制

（一）MM21概况

长期以来，滨水区的主要功能为航运和工业。二战以后，随着人们对滨水区的环境价值、游憩价值和文化价值的重新认识，滨水区的改造与开发成为新一轮城市开发的热点课题。滨水区包括滨海区、滨湖区和滨河区，其中滨海区水域资源丰富、景观视野辽阔，有利于发展国际旅游和高层次的文化交流活动，因此，滨海开发往往受到更高程度的战略重视。[①]新一轮的滨海区开发，环境与景观往往成为项目是否成功的关键，景观规划的作用日益受到重视。

20世纪90年代，横滨转向滨海地区资源开发，重点建设MM21港湾滨海区，并以此为节点形成新的以文化、服务、旅游、休闲游憩、国际商务为核心的第三产业集群。[②]在建设MM21滨海区的过程中，以城市设计与景观法为制度基础，采取了一系列的景观规划与控制措施，形成了富有魅力的特色港湾空间，MM21滨海区因此成为日本近年来

① 王建国：《世界城市滨水区开发建设的历史进程及其经验》，《城市规划》，2001年第7期，第41—46页。

② 秋元康幸：『クリエイティブ·ヨコハマ–文化芸術による横浜都心部活性化』，『都市計画』，2012年，第61巻第3期，第54—58頁。

大规模滨水区开发中成功运用景观规划的案例。

MM21港湾区是横滨最重要的滨海开发区，也是21世纪横滨城市空间发展的战略重点，总占地面积186公顷。该地原来以物流、生产功能为主，是三菱横滨造船厂与国铁货运车站、站场所在地。20世纪60年代后半期，横滨开始着手改变城市功能，对MM21地区进行了总体规划，经过数十年的体制、搬迁、融资、设计方面的准备，1983年正式开始动工，同年在MM21地区举办了横滨博览会与开港100周年纪念仪式。1991年横滨国际会议中心完工，开始举办一系列的国际大型会议。经过20年的建设，MM21发展成为新的城市中心，集中了商业、金融、文化、休闲娱乐等多种功能，是横滨港湾商业文化区的主要组成部分。目前，MM21地区的城市被定位为全天候的国家文化交流城市、21世纪的信息城市、自然与历史相融合的环境城市。[①]

（二）MM21城市设计中的景观控制内容

为了形成良好的滨海区城市环境，城市设计工作在MM21地区的整地之前已经开始进行，并贯穿于整个规划、设计与建设过程中。由大高正人出任委员长的MM21城市设计委员会负责地区整体空间构成规划和建筑群形态的总体规划，MM21公共设施设计委员会负责道路、公园绿地、桥梁、路灯以及标识物等公共设施的设计，最终通过街区协定确定的具体的空间构成与建筑形态规范。

从城市设计的内容看，街区物质环境景观规划与控制是城市设计的中心内容。根据《MM21街区基本协定》及其他资料，具体体现在以下几个方面：

（1）岸线与总体用地轮廓的规划：工厂、铁路搬迁后进行的填海工程，是形成街区物质轮廓的基础，因此填海工程开始时即按照未来景观意向和面向海域的视觉廊道的要求，将原来直线式的港口岸线取

---

① 横浜都市整備局：『みなとみらい21地区事業の概要』，http://www.city.yokohama.lg.jp/toshi/mm21/gaiyo/.

消,形成阶层后退式的曲线式海岸轮廓线。

(2)土地利用规划:土地利用是决定景观总体形态的根本因素之一。土地利用分为商务区、漫步休闲区、国际交流区、商业区、临水区五个分区。商务区位于靠近城市内部的南部区域,沿城市干道形成商务办公建筑群与商业服务设施,吸引总部经济体进入。漫步休闲区位于MM21中央,为美术馆等文化设施集中的区域,沿道路引进时尚店、咖啡店等业态,街区内部配置住宅建筑。国际交流区位于中心偏北,北临临海公园,是公共设施最集中的区域,包括旅店宾馆、主题游乐场、会议中心、公共会堂、展览中心、商店街等,也包括一部分商务与住宅的混合用地。商业区为靠近轨道枢纽与车站的商业地带。临水区为沿着水岸线的公园绿地区域和相关码头设施所在地。

(3)街区景观要素的控制:街区景观由建筑物、广告物和停车场等要素共同构成。沿城市主要道路轴线积极配置高层建筑,形成城市商务性景观。从大海向内陆方向建筑物形成从低往高的天际线,建筑物高度不得阻挡街区与大海之间的景观视觉廊道。高、低层建筑搭配容易损害街道景观连续性,因此需注意其衔接部位的设计。为确保视觉廊道,主要街道的建筑物后退2—4米。建筑物后退的空地,规划为连续的公共开敞空间,不得设置破坏街道连续感的设施。适度的户外广告可以提升街区的活力,但是大量的广告牌和广告案板容易破坏街区景观的统一性,因此规划不得设置屋顶广告,沿城市干道的建筑物三层以上不得设置广告板。停车场也是妨碍景观的因素,因此规划不得设置空中停车场,停车场原则上设置在地面或者地下,或者专用停车楼内,且出入口不得面对主要街道。(图4-33)

图4-33 MM21地区城市道路景观一(作者摄)

(4)步行空间:规划形成连贯的、贯穿街区的步行专用道路,在交叉口设置空中通道,连接相邻建筑物的二层公共空间。提高滨水区的亲水特征,大力导入各种形态的绿地与水体,与步行空间相结合。[①]

(三)基于《景观法》的景观规划与控制

1.《景观法》

城市设计制度为MM21滨海区的基本框架奠定了基础。21世纪初期,日本确立了景观法体制,为MM21地区的景观规划奠定了基础。

---

① 横浜都市整備局:『みなとみらい21街づくり基本協定』,http://www.minatomirai21.com/city- info/development/rule/common/pdf/agreement_2005.pdf。

城市设计制度属于城市规划体制下的产物，其基本依据是《都市计画法》，该法规包含了涉及城市街区景观建设的内容。对于公园绿地，日本已有《自然公园法》《都市公园法》《绿地保全法》等基本性法规。但是对于滨海区这种既包括建筑要素又包括道路、公园、广告物等要素的综合性环境空间，这种分项法规难以有效发挥全面的景观控制作用。2004年，日本通过了《景观法》，确定了景观规划的主体、编制的程序，并将景观规划的对象扩大到城区、农村、道路、山地、渔村等全体物质空间，将全国的景观建设纳入了专项法规框架，同时也为综合、全面的滨海区景观控制与规划提供了制度基础。

《景观法》确定景观规划的主体为"景观行政团体"，具体包括都、道、府、县、市、町、村等各级政府行政机关。"景观行政团体"有权力依法确定"景观规划区域"，并进行景观规划，规划内容包括确定景观建设的目标方针、对于损害景观的行为的控制措施、确定重要的景观公共设施等。《景观法》还规定了一系列的关于听证会、意见吸纳等公众参与和规划协调的相关措施。[①]

2.MM21的景观规划

根据《景观法》的要求，横滨编制了城市景观规划，并确定了景观导则。导则是景观规划内容在实施层面的具体反映，提供了实际操作时的依据。根据横滨都市整备局网站公布的《横滨景观规划》与《MM21都市景观形成导则》文本资料，其主要内容体现在以下几个方面。

(1)景观的总体规划：规划明确景观规划的性质是在前期城市设计与街区协定的基础上的继续深化，确定景观建设的总体目标为创造集聚复合功能、促进人类交流交往的街区环境景观；创造宜人优美的街区环境景观；创造具有MM21地区特征并能够代表横滨港口文化形

---

① 国土交通省：『景観法条文（PDF）』，http://www.mlit.go.jp/crd/townscape/keikan/pdf/keikanhou.pdf。

象的街区环境景观。

鉴于前期建设已经形成基本的街区轮廓，规划提出景观建设的重点在于创造步行空间，尤其是从规划区建筑底层空间创造促进人的交流交往的活动空间，并通过与步行者专用道路的无缝结合，形成贯穿街区的高品质步行者空间。从横滨车站至海洋之间的城市轴线沿线规划形成统一、连续的景观，并布置相应的连续步行空间。

规划确定重要的景观公共设施为临港公园、日本丸纪念公园、林荫公园、高岛中央公园、临海步行道，以及规划区内的市政道路等，并提出MM21大道作为连接该区域与城市内部街区的主要干道，具有入口形象的作用，通过政策引导形成超高层建筑天际线。

(2)步行空间规划：步行空间包括步行者专用道(Pedestrian Way)、建筑物底层的活动空间(Activities Floor)、街头广场(Common Space)和人行道。步行者专用道完全不受机动车交通干扰，往往设置在建筑物二层标高位置，与建筑物地面二层入口玄关相连。建筑物底层尽量配置商店、餐饮店、书店、服务设施，或者能够容纳人们进行文化艺术活动的开放性空间，在底层靠近外部步行空间处采用大型橱窗、玄关、柱廊、立面后退等通透性的外壁设计手法，使得底层活动空间融通到外部步行空间网络中。街头小广场配置在建筑出入口与玄关前面、建筑底层活动空间一侧、街道拐角处以及步行专用道路沿线，作为步行路线中的休憩、交流空间，配置中、高乔木以发挥遮阴效果，空间设计注重与周围的交通衔接，并引入公共艺术雕塑、花池、喷泉水池等趣味性的景观装置。①

3. 色彩规划

色彩规划是景观规划的重要内容。早在1986年，横滨港湾局成立

① 横浜都市整備局:『みなとみらい２１中央地区における景観計画(PDF)』, http://www.city.yokohama.lg.jp/toshi/mm21/keikan/pdf/keikaku.pdf。

了“港湾色彩规划策定委员会”,由该委员会制定了港湾总体色彩规划。该规划中根据功能将横滨港湾分成商业文化区、工业区、海与绿地区。各个区需要确定基础色调和重点突出的色彩。规定商业文化区色彩突出明亮和活泼感,工业区基础色调厚重沉着,海与绿地区色调突出舒适、宜人感。商业文化区境界线上的标志性建筑物使用纯白色。

MM21地区以孟塞尔表色系统为色彩表述与建设的依据。总体环境色彩追求轻快、宜人效果,能够映射丰富的海洋色调变化。建筑物以浅灰色、米色等明快、稳重的色调为主,不得使用荧光色,基准色调被定量控制在一定的范围。海边与水际的建筑物,以明亮、低饱和度的色调和白色为主,色彩明度控制在8.5—9的范围,饱和度在1以下,追求明快、开放的视觉效果。中央地区的建筑物,明度控制在7—8.5的范围,饱和度不超过2,适当追求稳重、亲切的视觉效果。MM21大道两侧建筑物,明度控制在6—8范围,饱和度不超过3,使用石材、砖等偏暖的米色系材料,偏向沉稳的视觉风格。

规划要求MM21所有的建筑物和人工搭建的物体,不论是公共的还是私人的,在进行改造和外观装修时,必须遵从色彩规划的规定。

4.建筑外观与天际线控制

MM21地区的建筑物较多,且中高层建筑比例较大,建筑的体量容易给人造成压迫感和闭塞感,因此规划道路两侧的高层建筑外立面体现纵向、垂直的分层结构,低层建筑外立面体现横向、水平方向的分段结构,接近步行空间的低层立面使用有肌理感的、自然感的石材、砖等贴面材料,丰富建筑表情,避免建筑立面的单调性。中高层建筑的1—3层外立面是街道景观的主要组成部分,其材料、窗洞形态与色调应与4层以上外立面有所区别。

MM21大道是连接横滨车站与樱木町车站的城市干道,也是港湾区与内陆区的边界线。大道两侧通过政策引导形成超高层建筑群,是

MM21地区天际线的制高点所在。自MM21大道向海湾地区建筑天际线逐渐降低,保证MM21大道的超高层建筑与大海之间的眺望廊道。超高层建筑地面31米以上的部分统一后退4米,以确保MM21大道的开敞性,底层采用有稳重感的立面装饰。

5.历史资源的保护与恢复

横滨港在日本具有独特的历史与文化,港区附近已有多处历史文化广场。作为日本最早的开港港口与近代造船业的发源地,MM21地区保存有两处石造船渠码头,已经有140余年的历史,同时也是横滨港口发展历史的见证物。随着港口功能转变,这两处遗迹成为重要的景观纪念物。其中,为了石造1号码头遗迹的保护与重新利用,原规划市政道路特意绕开了遗迹所在地,并将其设置为景观公共设施——日本丸纪念公园。日本丸是建于1930年的船舶,被动态地保存在石造1号码头遗迹处,旁边还配置了海事博物馆。石造2号码头靠近市政道路,将其设计为向地下挖空的船形下沉广场,人们可通过步行者专用道路进入该广场。为促进该广场的利用,中央可设置活动舞台形成演出广场。

6.公园绿地的建设

公园绿地主要包括临港公园、日本丸纪念公园、林荫公园、高岛中央公园和临海步行道。临港公园位于海边,是水与绿的交融地带,也是人们充分体验海景和游憩的场所。日本丸纪念公园靠近运河边,内部包括海事博物馆、日本丸船舶原型等。临海步行道为沿着水际线的步行专用道,连接了日本丸纪念公园与临港公园。林荫公园与高岛中央公园为街区内部公园,主要功能为形成开敞空间节点,增加绿量,提供游憩和活动空间,并为内部街区建筑物提供面向海洋的眺望视觉廊

道。[1](图4-34—图4-44)

图4-34 MM21地区城市道路景观二(作者摄)

① 横浜都市整備局:『みなとみらい２１中央地区都市景観形成ガイドライン(PDF)』, http://www.city.yokohama.lg.jp/toshi/mm21/keikan/pdf/guidelineh25full.pdf。

图4-35 MM21地区建筑景观一(作者摄)

图4-36 MM21地区建筑景观二(作者摄)

图4-37 车站前广场成为步行网络的起点(作者摄)

图4-38 步行空间系统中的街头广场(作者摄)

图 4-39 连通建筑二层的步行者专用通道与建筑底层的色彩与材料(作者摄)

图 4-40 临海地区的建筑天际线与色彩控制(作者摄)

图4-41 日本丸纪念公园(作者摄)

图4-42 改造为下沉广场的石造码头2号(作者摄)

图4-43 MM21地区的滨海步行道(作者摄)

图4-44 临海公园绿地(作者摄)

(四)MM21环境景观综合控制的经验

1. 景观规划是综合的环境空间控制

从MM21建设经验来看,对环境景观的重视贯穿于规划、建设、运营管理的全部过程中,其成功之处在于通过景观规划对空间环境进行全面、综合的控制。景观规划包括形态控制和色彩控制两方面,景观项目内容包括基地形态、滨水岸线形态、土地利用、街区建筑形态、道路景观、广告物、步行空间、公园绿地,景观规划的意识与手段前期反映在城市设计中,后期反映在景观规划与导则中。

由于环境因素的复杂性,景观规划既要控制整体的空间效果,又要发挥设计师在详细设计方面的创造性,这就决定了其在技术层面上采用定量与定性相结合的手法。景观导则中,定量方法应用在景观形成基准[①]的规定方面,定性方法应用在行为指针[②]的制定方面。具体到各个景观项目,如色彩规划中对基本色调采用了定量性的限定,避免了原先色彩依据不统一的问题。天际线、建筑后退与高层建筑上部后退也采用定量的刚性控制手段。底层空间、步行环境的设计则多采用定性引导的方法,以便更好地发挥设计师的创造力,并将其设计风格融入街区统一的环境风格中。

2. 多层次的规划与法规体系支撑

作为综合性的环境空间控制,其所涉及的因素比较复杂,不仅包括公园绿地、街道广场,还包括建筑形态、建筑立面处理、色彩、天际线、水岸线等因素,可以说,目前没有任何一种法定规划能够独立处理景观控制的所有内容。因此,景观规划与控制需要有多层次的相关规划与法规体系支撑。地区规划确定滨海区的基本定位、构思与环境建

---

① 景观形成基准:根据《景观法》第16条规定,对建筑物新建、增建、改建、移动、外观与色彩等外观的变动行为采取的控制措施,主要以定量控制为主。

② 行为指针:根据《横滨景观条例》的规定,针对与城市景观形成有关的设计行为,采取的定性化的景观引导方针。

设目标。城市设计将发展思想与策略反映在物质空间的控制项目上，在街区物质轮廓的形成方面发挥了重要的作用，为景观的形成奠定了基础。景观规划与导则重点处理步行空间与建筑底层的空间关系，以及视觉环境的细节控制。《都市计画法》与《景观法》共同提供法规框架。可以说，没有多层次的相关规划与法规体系支撑，就无法形成全面的物质空间形态控制效果，MM21滨海区的形象、特点和魅力也无法得到实现。

3.《景观法》与景观规划的作用

尽管前期城市设计取得了较大的成功，但是无疑最终的景观规划与导则的出台与实施发挥了关键的作用。景观规划所依据的《景观法》，是日本的根本性大法，其地位与《都市计画法》相等。《景观法》将社会的景观意识提高到了国家意志的层面，并对景观的主体、景观建设的权利义务、景观违法的惩罚、景观规划的程序，以及与其他规划法规的衔接做了详尽的规定，为景观建设提供了法律依据。景观规划是MM21地区全体利益主体在景观建设方面共同约定的具体体现，利益主体和建设行为受到《景观法》约束，有助于顺利、规范地推进各类景观建设项目。

第五章　分析与总结

第一节　历史维度分析

一　封建社会时期的环境设计

自然观念、宗教观念和社会观念一直反映在封建社会时期的城市与园林环境营造中。封建社会形成之初，即平安京时期，环境观与相应的设计对策已经贯穿于居住环境营造过程中，明显反映在都城的选址与空间格局、建筑样式与庭园营造三个方面。平安京都城格局传承了中国北魏洛阳至唐朝长安的皇都模式，同时也受到京都盆地地形地貌的影响。日本列岛四面大海，且四季多雨潮湿，在建筑上采用剖屋顶，建筑之间以廊庑相连，形成"回"字形建筑格局，可以达到排水、避雨、通行的功能，同时又具有界定内—外空间，反映社会空间秩序的作用。在庭园营造上，尽管庭园限制在建筑与廊庑围合的矩形空间中，体现中池、中岛的向心式格局，但是各园林要素均体现出与日本列岛和海洋相呼应的自然性特征。驳岸水流自西北向东南曲折流入中池，与京都盆地地势相呼应。瀑布造型模仿大自然中的瀑布，中池驳岸土石相间、轮廓自然舒展。植被以当地的樱花、梅花、松树为主，松树象征四季常青，樱花与梅花是京都人赏花、品花的对象。

与中国寺观园林的世俗性质不同，日本的寺观园林在自然素材和自然框架下体现出强烈的宗教象征指向。寺观园林在材料上与世俗园林并无大的不同,因象征指向不同出现了净土园林与枯山水两种造园风格,在环境空间格局上亦有大的分化。净土园林是净土宗思想与教义在环境上的再现与表现,枯山水则是通过"残山剩水"构建浓缩的宇宙。无论是净土园林还是枯山水,都体现了佛教的观念,山的造型以须弥山、昆仑山为主。

世俗性的园林存在于贵族、领主、将军的府邸中,造园以模仿自然、浓缩风景为主旨,并体现长生不老、富贵吉祥等寓意。世俗园林往往采用"一池三山"的手法,"一池"象征东海,"三山"象征蓬莱、方丈和瀛洲,或者采用龟鹤二岛的手法,岛上种植苏铁、松树,象征着长生不老、万年长青。为了体现权势和威严,驳岸和岛屿往往采用巨大的石块。随着枯山水这种环境构筑手法被认可,世俗园林里也出现了枯山水的局部,在一定程度上代替了水的作用,为其日后的广泛传播奠定了基础。

除都城以外,封建领主城下町的营造是环境设计对于社会空间身份的直接反映。城池选址充分考虑地形因素,其核心建筑天守阁是城主所在,营造于最高处,是城下町天际线的制高点,代表着统治中枢。距离天守阁越近的社会地位越高,从内向外往往依次为城主、近臣、家臣、高级武士、低级武士、町民、工商业者、农民。城下町、天守阁具有典型的内—外空间分化,映射出日本封建社会空间阶层性特征。

总体来说,封建社会时期日本的环境设计,体现了人类生存的基本要求与当地自然环境的局限性。空间营造观念与技术受到大陆文化,尤其是中国的影响,同时,空间结构上又反映出日本社会等级阶层性的空间特征。在封建社会时期,环境设计体现了本土与外来、社会与自然、宗教与世俗的多重影响因素,并逐渐融合形成了具有杂烩特征的"日本风格"。

二　近代的环境设计

近代指明治维新至20世纪上半叶这段时间，这一阶段是日本完成工业化、从农业国转变为工业国的时期。近代日本在产业转换中，城市化也快速发展，出现了亚洲最早的巨型城市——东京，自然环境受到前所未有的压力。同时，日本的社会受到西方技术文化的强烈冲击。面对日益复杂的城市环境问题，日本引进了欧美城市、环境的管理与营建方法，创设了近代规划设计与环境保护体制。

传统造园依附于封建领主和寺院而存在。由于明治维新后封建体制的崩溃，领主的造园失去了存在的土壤，原有的功能消失殆尽。但是，造园作为历史文化资源得到了传承，造园的技艺广泛传播到城乡公共休闲娱乐空间的营造中。一部分领主的园林转变为可供公众休闲观赏的历史庭园，保持了原有的风貌。近代以来出现的花园苗圃和公园绿地，如日比谷公园，在局部的设计中延续了传统造园的手法，反映了在欧化大思潮之下，对传统文化的珍视。

随着封建体制的崩溃、欧化思潮的泛滥、西方城市与环境管理体制的引进，环境设计与营造的目的、功能及其性质发生了根本的转变。环境设计从原来针对较为封闭、内向的空间转变为开放、外向的空间，更多地体现近代工业化、城市化的压力之下对于公共空间的环境塑造要求。这一阶段首要的表现是近代公园绿地制度的引进与吸收。公园作为重要的公共环境空间，具有环境卫生、休闲娱乐、景观美化的功能，成为必不可少的城市基础设施之一。随着城市扩张与环境危机不断加深，对公园绿地进行统筹规划的思想逐渐被社会所接受。尤其是20世纪上半叶巨型城市的出现，导致绿地规划不仅仅限于城市范围，而是着眼于更为广阔的区域进行统筹布局。设计手法以满足功能为前提，以自然式布局、大草坪、湖泊池塘、市民游乐设施、观赏植被为特征的近代公园设计风格主导了这一时期日本的公园环境设计。

日本传统道路空间狭小封闭，极易蔓延火灾且通风和日照较差，难以顺应近代城市对于效率和安全性的要求。美国城市美化思想对日本街道环境设计具有很大的影响，主要表现为几何对称、轴线式的道路样式与建筑布局。20世纪上半叶东京的官厅规划改造，即全面采用了轴线对称的道路格局，突出环境的政治性格和庄严肃穆感。为了应对近代城市防灾和效率的要求，欧美普遍采用的大马路形式，以及建筑后退红线设置和街道两侧建筑壁面修饰的街景设计手法，在日本重要的城市中心区，如银座砖瓦街开始采用，并逐渐推广到其他城市。这些道路根据交通量大小设置了道路等级，按照等级规定了标准的道路宽度，道路绿化和沿街建筑壁面材料风格均模仿了欧美城市道路环境的做法，成为当时欧化思潮的具体反映。这一时期日本引入并初步建立了以《都市计画法》为代表的城市规划制度。城市规划制度是对城市环境进行总体控制的制度，确定了土地使用、建设规范、道路等级以及景观风貌的要求，是建筑、道路、广场、公园绿地等城市环境要素设计与营建的根本性依据。

在日本列岛人类聚居区以外，直到19世纪还存在一些保存完整、具有一定历史人文和自然生态价值的地区环境。随着近代人类活动的拓展和道路交通不断延伸，这些珍贵的环境资源受到不同程度潜在的威胁。19世纪后半叶日本开始环境保护运动，至20世纪上半叶森林保护与国立公园体制确立，初步形成了较为系统的历史文化与自然生态资源保护体系。保护区内实施严格的环境保护法规，环境设计以维护、修复原始风貌为基本方针，人类活动受到严格的控制。

总体来说，受到城市化和工业化的影响，近代环境设计不再局限于原有的私人空间和宗教空间，开始体现出对城市空间环境综合、整体的控制作用。环境设计愈来愈注重地块的使用功能，并根据功能确定设计形式，原有的生态文化性严重削弱，日益体现出系统性、技术性的特点。此外,人们通过环境设计表达出对美观和舒适性的强烈追求,通过建设行为的控制塑造良好的街区环境空间,通过历史街区和国家公园制度保护历史文化和自然资源,这反映出环境设计在近代工业化和城市化潮流中的作用,即重视资源保护、珍视历史传承,不断适应城市化发展和人的生存要求。

三　现代的环境设计

现代指二战后至21世纪初期这段时期,又划分为两个阶段。20世纪80年代之前,日本经济高速成长,城市化快速发展。80年代之后,城市化停滞且经济低迷。这对环境设计产生了很大的影响。

二战后至80年代之前,日本经济经历了恢复和高速发展阶段,城市化也获得了空前的发展。城市化发展在空间上表现出两个倾向。一方面,大城市向外蔓延,城市之间连绵成片,尤其是在太平洋沿岸形成连绵城市带,城市景观成为主导的景观要素;另一方面,城市内部,尤其是大城市内部,开发强度很大,建筑密度高,且容积率也越来越大,地块划分日益精细化。高密度城市环境成为这一阶段的主要环境特征,给人们生活舒适性、资源环境与历史文化保护、安全社会建设带来了很大的压力,并产生了严重的环境和社会发展问题。

这一阶段环境设计的主要目标是尽可能地应对、解决城市化发展所带来的问题。这一时期最顶层的空间规划是三大都市圈规划,规划中提出分散大城市人口和产业、加强城市交流、平衡地域发展的措施,体现了国土环境意识和重视地域历史文化的设计思想。由于建筑技术的发展,突破了原先因为防灾而实施高度控制的规范,得以在城市核心区能够营造超高层建筑物,这就使得城市物质环境秩序更为紊乱。城市设计是应对这一问题的新兴产物,如丹下健三的“东京计画1960”,在空间设计上更多地关注城市发展方向和未来居住样态。20

世纪70年代，横滨首次建立城市设计制度，在其提出的城市设计七原则中明确提出空间设计与控制要重视地域特色、历史文化和自然资源，在城市设计实践中逐步建立了对于建筑外形和材料、街道环境要素等的控制手段，为后期形成全面和系统的空间控制体制奠定了基础。

这一时期在巨大的城市化压力之下，人们对历史文化自然资源更加珍视，出台了种种法规严格保障这些资源的存续。在城市内部，《都市公园法》不仅规定了公园的规模，还细化了公园的功能和设施种类，决定了公园布局的距离，这对于公园系统和其内部空间的形成起到了关键性的规范作用。

80年代之后，日本经济陷入停滞，城市化也基本停顿。在结束了大规模的建设期后，环境设计转而更加重视环境的质量建设，更加注重系统性的空间控制体制建设，关于环境设计相关法规日趋系统化。这一阶段最顶层的国家空间规划为《21世纪国土设计》，该规划的核心为降低东京首位度、强化地域自立和安全社会建设、加强横向交流促进多轴型国土结构，提出了延续地域文脉历史、珍惜文化多样性和景观营造等环境建设理念。

日本除了在国土与区域规划中提出环境设计的理念与措施以外，景观法规建设也取得了重大进展，一个突出的成果体现在景观条例和《景观法》体制建设上。自20世纪90年代后地方自治权确立，基于独立立法权地方政府和议会大量制定并实施景观条例。景观条例规定了各级政府机构和公民的在景观建设方面的义务、景观基本方针、景观区域的划分、行政和惩罚措施等。《景观法》以维护公民在国家或者某个区域范围内，在景观方面所享有的共同利益为目的，对行政机构和公民的权利义务做出详细规定，同时确定其他的奖励和惩治措施，具有最高的法律效力。景观条例与《景观法》的建立意味着国家、社会和公民对景观权益的要求明朗化以及景观建设措施规范化。

很多小空间或私家庭园的营造均延续了传统造园风格。对于历史性庭园或者遗迹,在城市改造过程中,通过一定的建筑与造园技术,对原有风貌进行复原,并通过法规进行严格的保护。这方面典型的案例如东京皇居和六本木新城中的毛利庭园,均反映了人们在城镇化环境中对于传统历史文化的珍视。规划设计的系统性和整体意识得到了空前的强化,人们逐渐掌握对于街道和滨海区这些复杂环境空间的综合性设计方法,并利用多种规划设计手段达到控制各类环境要素的目的。在复杂环境空间设计中,自然、生态、历史、文化成为设计的基本原则,并统合于"景观"保护与建设的框架之中。

第二节　尺度维度分析

一　宏观尺度环境设计

迄今为止,日本环境设计建立了宏观、中观、微观三个尺度的设计框架。宏观尺度是国土、区域性的环境规划,中观尺度是城市空间的环境规划设计,微观尺度是广场、都市公园、庭园等小型空间的环境设计。由于尺度的不同,环境设计策略、重点和解决的问题也不同。

国土设计、都市圈规划、国立公园规划均属于宏观尺度的规划。国土设计对整个国土范围的营建进行总体规划,确定国土建设的总体方针、原则、结构和措施。《21世纪国土设计》所提出的重视地域多样性、建设多自然居住区域、加强文化交流是环境理念在最高层次空间规划中的反映。三大都市圈规划是针对太平洋沿岸人口最密集的城市群进行的区域规划,分别针对各区域的自然环境和历史人文特点,提出了相应的保护与建设措施。国立公园规划是针对人类聚居区以外的、具有自然和文化代表性的区域进行的空间管理,由于面积广阔、土地权属复杂,因此采取多方协作和地域制管理模式,根据保护分区设定分等级保护措施,对于游人利用设施有严格的限定。宏观尺度的环境规划明确了规划原则、目标和方针,其重点在于提出解决根本结构性问题的思路,规划时限较长,偏重于策略表述而不是具体的空间形态规划。

二　中观尺度环境设计

城市规划、城市设计和分项规划是中观尺度的环境设计。城市规划对城市发展目标、空间结构、交通道路等做出具体的安排,是城市环境形成的基础。早期的城市规划注重建立空间秩序、提高城市运转效率、满足居住、工作、交通和商业等功能。随着二战后经济的恢复与发展,城市土地开发强度增大,城市空间规划越来越注重环境质量的提升。东京都在城市规划中提出"分散都心功能""环境共生""水、绿环绕的城市空间再生"和"城市文化"等环境营造理念,为具体的环境空间详细设计奠定了规划基础。

城市设计是城市规划与详细设计的衔接环节,起到承上启下的作用,将城市规划的理念反映到具体的空间理想形态中,对地块环境要素,包括建筑物、构筑物、道路铺装、环境装置、公园绿地的形态起到整体性的规范与控制作用,并通过法规、协定等手段确保单体设计不违反环境的整体性。这方面典型的成果有筑波公园路设计和MM21滨海区设计。

绿地规划是城市专项规划的一种,绿地具有休闲娱乐、生态环保和防灾避难等功能,对于形成环境空间具有根本的影响。早期《都市计画法》从保障休闲娱乐功能角度出发,规定城市用地必须包含一定比例的公园绿地。《都市公园法》从功能和使用对象的角度对城市绿地进行了详细的分类,规范了各类绿地的设施、面积、服务半径,并提出了都市公园布局的基本模式,这对于绿色环境的形成起到了根本的作用。

总体来说,中观尺度的环境设计偏重于上位规划策略的实施,重点是解决空间布局、街区形态和环境要素协调的机制问题。这一层次的环境设计根据宏观目标明确空间设计的主旨和要点,对后期的详细设计起到规范性和指导性作用,是从策略设计向具体环境设计过渡的阶段。

三　微观尺度环境设计

微观尺度是针对各地块的详细设计,包括公园绿地设计、广场设计、道路设计、庭园设计等。详细设计除了受到建筑规范、城市设计、城市规划和专项法规的控制之外,还受到基地环境、周围环境、使用者、开发商以及设计师自身观念的影响。在封建社会时期,造园的样式风格较为统一。近代以来,随着营造技术的改进、材料多样化,以及西洋设计风格的引入,环境设计的面貌日益繁复。微观尺度的环境设计风格大体上包括以下三类。

其一为传统造园风格。数百年封建社会营造的传统造园,是日本文化的典型代表。在历史传承中,衍生出寝殿造园林、枯山水、净土园林、回游园林、茶庭露地等多种风格。这类园林存在于封建领主、贵族权臣和寺院之中。近代以来,这类园林仅存在于历史庭园中,作为文化财保存下来。京都、奈良是日本保存较好的古都,留存有大量的传统造园遗迹。在城市更新过程中,经济发达的大城市重视地域文化的社会意识以及人们对历史的"寻根"情结也促使一些传统庭园空间得以恢复。

其二为西洋风格,包括欧洲古典主义风格和现代简约风格,是日本开港通商和明治维新后引入的设计风格。现代简约风格由于功能突出、使用方便,逐渐发展成为城市建筑的主流风格,在近现代城市公园、广场的环境设计中也采用较多。20世纪后半期营造的大型综合体建筑,在其外环境设计中主要采用西洋风格。

其三为混杂风格,即主体采用西洋风格,局部采用传统造园风格。这类做法反映了在现代环境设计中对于传统的回归,同时也显示出对于大型的公共环境设计,传统庭园风格因其在使用上的局限性,只能应用在局部性空间。典型的如筑波中心广场,在台阶处设计了日式的瀑布和垒石,将日常功能与传统美学融为一体。由于混杂风格既满足了公众使用功能,又反映了对历史文化的回归,因此在当代社会,混杂风格极有可能发展成为主流环境设计风格。

第三节　类型维度分析

一　公园绿地规划设计

环境设计的对象范畴包括园林绿地、历史街区、建筑群外观与形态、地域景观等多种要素。根据设计对象不同，环境设计可以大致划分为公园绿地规划设计、建筑群外观与城市设计、历史环境保护、总体景观设计四个类型。这四个类型的设计分别具有不同的内涵与特性，同时也产生相互影响。

公园绿地设计是环境设计的主体内容，也是出现最早、历时最长的环境设计类型。根据日本都市公园和绿地的划分标准，公园绿地包括历史庭园、寺院园林、都市公园、国立公园、国定公园等。历史庭园文化底蕴深厚，采用传统造园技艺，在形态上包括池泉园、筑山园、茶庭露地、枯山水等样式，是重要的历史文化资产。历史庭园是自然宇宙的浓缩，功能以修景和休闲为主，注重观赏感，其景观具有象征的意味。寺院园林是宗教环境的构成部分，也是重要的历史文化资产。历史庭园与寺院园林个性特征明显，都在现代社会中发挥着文化交流与传播的作用。

都市公园是基于《都市公园法》营造的公园绿地，是日本城市环境中的绿色空间主体，发挥着生态环保、休闲游憩、防灾避难和景观美化的作用。由于《都市公园法》对于都市公园的管理主体、财政来源、设施标准、使用对象等具有明确的规定，因此，都市公园在空间设计方面具有较大的均质性，各个地块设计风格特征不明显，总体上以利用者为中心。国立公园和国定公园以资源保护为主，利用为辅，注重游客体验、游线安排和设施标准化，在设计上重视与地域自然与文化资源特征相吻合。

二　建筑群外观与城市设计

城市设计是20世纪70年代城市规划体制发展到一定阶段的产物。作为规划策略与详细设计之间的衔接环节,城市设计起到了贯彻规划意图、统领各类空间设计的作用,是地区环境、街区环境形成的基础。城市设计要求对整个街区物质轮廓做出统筹安排,不仅要考虑地区功能、交通流线、建筑形态、绿地布局,还要考虑环境色调、景观意匠、广告物规制、操作规范、实施措施等问题。因此,城市设计涉及因素最为复杂,必须以整体性和系统性为基础,对地域各类环境因子及其相互作用关系进行深度调研,确保城市设计编制的规范性和可操作性。从现在国土设计和城市发展的基本要求看,日本城市设计需要充分重视发扬历史文化与自然资源、发扬地域个性特色、促进城市更新,形成舒适的居住环境和高品质的交流空间。

建筑群外观是城市设计主要的控制内容。地标性建筑物为了取得突出效果,往往在造型上过于求异。一般性建筑物外观设计缺乏统一规划,容易显得凌乱。因此,主要通过城市设计对于建筑群外观进行控制。控制的手法为形态控制、材质控制和色彩控制。形态控制通过建筑高度、建筑密度和容积率指标进行限定,材料控制是确定玻璃幕墙、石材、砖材等装饰材料的面积与部位,不同的装饰材料会带来不同的视觉感受。色彩控制则是为防止个别建筑或者构筑物出现突兀性的色彩导致视觉污染或者不和谐问题,因此指定以某一种色调为基调,或者形成渐变的街区色调。

三　历史环境保护

环境设计的一个重要类型是针对历史文化遗迹和历史文化环境,

从系统、整体的角度进行保护性设计。早在20世纪初期，社会公认的风景名胜同时也是重要的历史文化遗产，神社寺院、历史建筑、遗迹、纪念碑、古城遗址等被纳入了《史迹与名胜天然纪念物保存法》所规定的保护范围。1966年，《古都保存法》明确重点保护京都、奈良、镰仓古城与周边环境，并规定必须编制相应的保护规划。20世纪80年代，《都市计画法》修订，在城市规划体制中引入了区域性历史环境保护的内容。文物保护制度中也建立了传统建筑群保护制度，将传统建筑物群和历史景观作为文物保护对象。

对于有形遗产，文化价值隐含于具体的空间之中。保护性设计是围绕空间形态的保护建立起来的。空间保护对象分为点、线、面三个类型。点是古建筑单体和具有历史文化价值的构筑物，如桥、纪念碑、墓、牌坊、门等；线主要指道路、河流、城墙等，连接点状的保护对象，并且有交通、游览的功能；面是具有共同历史文化价值的古建筑群、历史街区、历史庭园等。对于历史建筑物或者构筑物，采取的设计手法包括完全冻结、部分修复、整体复原和复制重建。对于线状和面状的历史环境保护，则采取建筑高度控制、统一街道立面、建筑形态复原和基础设施更新等措施，以达到可持续保护的目的。

四　总体景观设计

景观囊括了人工环境和自然环境，景观设计与建设的理念产生于20世纪70年代之后。景观设计的对象有三个特征：地域整体或者局部空间要素；视觉上的可识别性；具有审美、生态、安全或者历史文化的价值。景观设计的目的在于空间形态的美化和自然、历史、文化环境的保护和建构，提高人类活动空间的舒适性和安全性。景观设计与建设的基础是景观法规体制建设。景观法规的核心功能在于规定景观建设方面的体制，维护社会主体的景观权益，调整社会主体在景观资源方面享有的权利与义务关系。日本在20世纪70年代以后，基于地方自治立法权制定和实施的地方景观条例，对景观区域的指定、景观建设推进和惩罚措施等进行了规定。日本于2004年通过的国家性根本大法《景观法》，确定了景观规划的主体、编制的程序，并将景观规划的对象扩大到城区、农村、道路、山地、渔村等。《景观法》地位等同于《都市计画法》和《建筑基准法》，体现了对于景观建设的国家意志和社会意志，将全国的景观设计与保护、建设行为纳入了法规框架。

总体景观设计是最高层次的环境设计类型，在某种程度上其范畴包含了公园绿地、城市设计、建筑群控制、历史环境保护等内容，可以说是各类型环境设计整体性与系统性的体现，也是人们对于环境质量要求不断提高的产物。以横滨MM21滨海区景观营造案例为起点，总体景观设计在21世纪日本环境设计体系中将发挥更大的作用。

参考文献

[1]日本造園学会.ランドスケープデザイン[M].東京:技报堂,1998.

[2]石田頼房.日本近代都市計画の百年[M].東京:自治体研究社,1987.

[3]東京都都市計画局.東京の都市計画百年[M].東京:都政情報センター管理部事業課,1989.

[4]日本公園百年史刊行会.日本公園百年史[M].東京:第一法規出版株式会社,1978.

[5]日本造園学会.ランドスケープの計画[M].東京:技报堂,1998.

[6]黑天乃生,小野良平.Transition of landscape's position in the national monuments at the beginning of preservation systems from the end of the Meiji Era to the beginning of the Showa Era[J]. Landscape Research Japan, 2004(5).

[7]西村幸夫.都市保全計画[M].東京:東京大学出版会,2004.

[8]马红,门闯.日本《景观法》的立法过程及其实施方法[J].日本研究,2014(3).

[9]邓奕.日本第五次首都圈基本规划[J].北京规划建设,2004(5).

[10]邹军等.日本首都圈规划构想及其启示[J].国外城市规划,2003(2).

[11]日本国土庁大都市圏整備局.第5次首都圏基本計画[R].東

京:大藏省印刷局,1999.

[12]日本国土庁.中部圏建設計画[R].東京:大藏省印刷局,1997.

[13]日本国土庁.近畿圏建設計画[R].東京:大藏省印刷局,1997.

[14]山本隆志.东京中城的诞生[J].建筑与文化,2008(1):93.

[15]王建国.横滨城市设计的历史经验[J].新建筑,1997(1).

[16]SD編集部.都市デザイン|横浜その発想と展開[M].東京:鹿岛出版会,1993.

[17]石川幹子.都市と緑地[M].東京:岩波書店,2001.

[18]田代顺孝.緑のパッチワーク[M].東京:日本技術書店,1998.

[19]日本造園学会.ランドスケープの展開[M].東京:技报堂,1996.

[20]日本国土交通省都市防灾対策室.[DB/OL].[2008-10-25]http://www.mlit.go.jp/crd/city/sigaiti/tobou/gaiyo.htm.

[21]亲泊素子.国立公園の成立と国家[J].ランドスケープ研究,2014,78(3).

[22]佐山浩.戦後の進展状況を踏まえた我が国の今後の国立公園[J].ランドスケープ研究,2014,78(3).

[23]田中俊德.「弱い地域制」を超えて-21世紀の国立公園がバナンスを展望する[J].ランドスケープ研究,2014,78(3).

[24]高原栄重.都市緑地の計画[M].東京:鹿岛出版会,1974.

[25]沈玉麟.外国城市建设史[M].北京:中国建筑工业出版社,1989.

[26]藤原京子,邓奕.日本:筑波科学城[J].北京规划建设,2006(1).

[27]王建国.世界城市滨水区开发建设的历史进程及其经验[J].城市规划,2001(7).

[28]秋元康幸.クリエイティブ·ヨコハマ—文化芸術による横浜都心部活性化[J].都市計画,2012,61(3).

[29]横浜都市整備局.みなとみらい２１地区事業の概要[DB/OL].

http://www.city.yokohama.lg.jp/toshi/mm21/gai - yo/

[30]横浜都市整備局.みなとみらい２１街づくり基本協定(PDF)[DB/OL].http://www.minatomirai21.com/city-info/development/rule/common/pdf/agreement_2005.pdf

[31]国土交通省.景観法条文(PDF)[DB/OL].http://www.mlit.go.jp/crd/townscape/keikan/pdf/keikanhou.pdf

[32]横浜都市整備局.みなとみらい２１中央地区における景観計画(PDF)[DB/OL].http://www.city.yokohama.lg.jp/toshi/mm21/keikan/pdf/keikaku.pdf

[33]横浜都市整備局.みなとみらい２１中央地区都市景観形成ガイドライン(PDF)[DB/OL].http://www.city.yokohama.lg.jp/toshi/mm21/keikan/pdf/guidelineh25full.pdf

后记

环境设计艺术将具体的空间形态、功能和抽象的艺术性、文化性结合在一起，具有非同寻常的吸引力。在历史进程中，独特的自然环境、传统的延续、文化的碰撞、审美的变化、政治和社会以及民族性等诸多因素交织在一起，使得日本的环境设计在历史不断的蓄积中呈现出多姿多彩的面貌。要想全方位地理解日本环境设计，必须将其解析，进而置于历史发展和社会文化的框架中进行详细的考察，由此而折射出亚洲文化圈域下空间环境设计的内在规律和文化内核。这样的研究课题具有强大的魅力，驱使我不断探求。

本书的目的和方法见于自序。经典文献研读、实地考察调研、作品亲身体验构成本研究的基础。从纵向的历史和横向的空间系统中进行分析，能够把握日本环境设计的总体结构脉络。我国对日本环境规划设计的理论研究较为薄弱，研究人员也较少。相比以前，现在学术交流和交通条件改善了很多，对于日本环境设计的认识与理解也较以前更为深入客观。

本书的资料收集始于我在日本留学期间。我自1999年开始有幸在筑波大学大学院环境设计研究室铃木雅和教授工作室学习，专攻公园绿地系统规划和地理信息系统分析。在日学习期间受到诸位老师和学友的启迪,学到了在广阔的视野下进行环境分析的新方法。我的硕士学位论文以东京、上海的绿地系统比较为题,从而打下了本书写作的基础。

回国以后,我先后在中国城市规划设计研究院、南京大学建筑学院、南京林业大学风景园林学院任教,期间接触到各类规划设计和实际建设项目。对空间环境设计的不断感悟,更加坚定了我继续研究日本环境设计史的信念。2003年,我以学位论文为基础出版了《国外城市绿地系统规划》一书,并接连发表了《对日本近代城市公园绿地历史发展的探讨》《日本三大都市圈规划及其对我国区域规划的借鉴意义》《通过世博会促进城市发展——以筑波世博会为例》《3S技术在东京都绿地分析与规划中的应用》《日本东京都绿地分析及其与我国城市绿地的比较研究和启示》《二战后日本城市空间的控制》《日本防灾对策经验与启示》《城市步行公园路规划探究——以筑波研究学园都市中轴公园路为例》《日本国立公园发展、体系与特点》《日本筑波大学城发展经验及其启示》《基于城市设计与〈景观法〉的横滨MM21滨海区景观规划探究》等一系列论文。这些著作和论文构成了本书内容的基本骨架。

在此感谢留日期间筑波大学的师友,他们的指导使我获益匪浅,并开启了我的学术探索旅程。感谢教育部的课题立项,以及南京林业大学风景园林学科的学科资助,使我得以有经费支持完成本项研究。感谢南京大学出版社,他们的精心编辑和审校是本书质量的保证。感谢我的父母、太太和女儿,没有他们的支持,我无法专心完成本书的写作。研究生赵进、李欢欣、王安康、张宇婕、陈涛、李诗韵,他们参与了本书的制图工作,在此一并感谢。

许　浩

2019年6月

图书在版编目(CIP)数据

日本环境设计史. 下, 近现代的环境设计 / 许浩著
. -- 南京 : 南京大学出版社, 2019.8
ISBN 978-7-305-22340-2

Ⅰ. ①日… Ⅱ. ①许… Ⅲ. ①环境设计－建筑史－日本 Ⅳ. ①TU-856

中国版本图书馆CIP数据核字(2019)第118250号

出版发行 南京大学出版社
社　　址 南京市汉口路22号　　邮编 210093
出 版 人 金鑫荣

书　　名 日本环境设计史(下 近现代的环境设计)
著　　者 许 浩
责任编辑 陆蕊含　　**编辑热线** 025-83592401

照　　排 南京紫藤制版印务中心
印　　刷 徐州绪权印刷有限公司
开　　本 787×960 1/16 印张 16.25 字数 220千
版　　次 2019年8月第1版 2019年8月第1次印刷
ISBN 978-7-305-22340-2
定　　价 76.00元

网　　址 http://www.NjupCo.com
新浪微博 http://e.weibo.com/njuyzxz
官方微信号 njupress
销售咨询热线 025-83594756